Perspektiven der Ingenieurökologie in Forschung, Lehre und Praxis

Umweltbildung, Umweltkommunikation und Nachhaltigkeit

herausgegeben von Walter Leal Filho

Band 19

PETER LANG

Frankfurt am Main · Berlin · Bern · Bruxelles · New York · Oxford · Wien

Walter Leal Filho
Volker Lüderitz
Gunther Geller
(Hrsg.)

Perspektiven der Ingenieurökologie in Forschung, Lehre und Praxis

PETER LANG
Europäischer Verlag der Wissenschaften

Bibliografische Information Der Deutschen Bibliothek
Die Deutsche Bibliothek verzeichnet diese Publikation in der
Deutschen Nationalbibliografie; detaillierte bibliografische
Daten sind im Internet über <http://dnb.ddb.de> abrufbar.

Satz + Layout:
Jacqueline Zielaskowski

Gedruckt auf alterungsbeständigem,
säurefreiem Papier.

ISSN 1434-3819
ISBN 3-631-53566-X

© Peter Lang GmbH
Europäischer Verlag der Wissenschaften
Frankfurt am Main 2006
Alle Rechte vorbehalten.

Printed in Germany 1 2 3 4 6 7

www.peterlang.de

Inhaltsverzeichnis

6 Inhaltsverzeichnis

Dipl.-Ing. Julia Gesenhoff
Dezentralisierung der Ver- und Entsorgungssysteme als
ingenieurökologisches Konzept - Einfluss der Siedlungsstruktur auf
die Einsatzmöglichkeiten dezentraler Abwassersysteme 165

Prof. Dr.-Ing. Manfred Voigt
„Nach dem Möglichkeiten des Ortes ...“-Dezentrale Ver- und
Entsorgungssysteme in Städten als ingenieurökologisches Konzept– 177

Prof. Dr.-Ing. Detlef Glücklich
Ökologische Gesamtkonzepte - mit der ‚Stadtschaft' als
Zielstellung und ihre Umsetzung am Beispiel der Valley View
University in Accra/ Ghana 199

Prof. Dr. Volker Lüderitz

Einleitung

Perspektiven der Ingenieurökologie in Forschung, Lehre und Praxis

Am 8./9. Juni 2004 trafen sich etwa 80 Wissenschaftler, Praktiker und Studenten aus 10 Ländern zur internationalen Fachtagung „Perspektiven der Ingenieurökologie in Forschung, Lehre und Praxis" an der Hochschule Magdeburg. Diese Konferenz war eine gemeinsame Veranstaltung des Institutes für Wasserwirtschaft und Ökotechnologie dieser Hochschule und der Ingenieurökologischen Vereinigung (IÖV) und hat mit 19 Beiträgen, von denen 17 in diesem Band vorliegen, zu drei Themenblöcken wesentliche Aspekte des aktuellen Entwicklungsstandes der Ingenieurökologie in Forschung, Lehre und praktischer Anwendung umrissen.

Die Ingenieurökologie als Anwendung der Erkenntnisse und der Prinzipien der Ökologie in Technik. Wirtschaft und Gesellschaft setzt sich im nationalen und internationalen Rahmen immer mehr durch, weil – nicht zuletzt aus finanziellen Gründen- die Grenzen der Umweltnachsorge und des rein technokratischen Umganges mit Naturressourcen immer deutlicher zutage treten. In diesem Band gibt Gunther Geller, Präsident der IÖV, einen Überblick über die Geschichte und die aktuellen Arbeitsfelder der Ingenieurökologie im deutschsprachigen Raum.

Sind Ingenieurökologen bis heute überwiegend Autodidakten, weil es an einer einschlägigen Ausbildung mangelte, so werden im Rahmen von überwiegend forschungsbezogenen Master-Studiengängen an der TU München und der Hochschule Magdeburg - Stendal inzwischen Experten auf diesem Gebiet ausgebildet. Wenke Kahrstedt und Yannick Duprat stellen hier den Magdeburger Studiengang vor, der in drei Semestern mit einer sehr projektorientierten Arbeitsweise vor allem Kenntnisse und Fähigkeiten auf den Gebieten der ingenieurökologischen Revitalisierung von Gewässern und Feuchtgebieten und dem überwiegend wasserbezogenen Stoffstrom- und Ressourcenmanagement vermittelt.

Im Themenblock **Wasserreinigung** präsentiert Professor Rick Gersberg von der San Diego State University neue Methoden zur mikrobiellen Bewertung von Gewässern vor. Er stellt Methoden zur Gefahrenabschätzung am Beispiel der Lagune von Venedig, in der durch die geplanten Barrierebauwerke zum Hochwasserschutz mit einer höheren Keimbelastung zu rechnen ist, vor.

Anton Lenz aus Ringelai stellt die Grundsätze der Feuchtgebietstechnik vor. Der Einsatzbereich reicht von der Abwasserreinigung über die Nachrüstung von bestehenden Kläranlagen bis zur Reinigung von belastetem Oberflächenwasser.

Einen Überblick über den Stand und die Perspektiven beim Einsatz von Bewachsenen Bodenfiltern gibt Heribert Rustige von der Ingenieurgesellschaft Akut aus Berlin.

Im Themenblock **Wasser und Landschaft** zeigt Manuela Tzschirner von der Hochschule Magdeburg-Stendal die möglichen Synergien von Hochwasser- und Naturschutz, insbesondere die Möglichkeiten großräumiger Deichrückverlegungen zur Schaffung von Retentionsräumen und zur Revitalisierung von Auenökosystemen auf.

Ein wichtiges Instrument für solche Maßnahmen ist die Bodenordnung, deren Möglichkeiten von Rolf Meindl, TU München, erläutert werden. Durch solche Maßnahmen, wie z.b. freiwilligen Flächentausch, kann ein Hochwasserschutz unter Berücksichtigung der Eigentumsverhältnisse gewährleistet werden.

Dr. Andre´ Assmann von der Fa. Geomer in Heidelberg stellt ein praxisnahes Modell zum Hochwasserschutz vor, bei dem verschiedene kleinere Module, wie z.b. angepasste Anbaumethoden in der Landwirtschaft und die Nutzung von verfügbaren Rückhalteräumen, als Gesamtheit eine gute Wirksamkeit zeigen. Entscheidend ist dabei, die jeweils örtlich richtigen Maßnahmen zu kombinieren: Patentrezepte ohne Berücksichtigung der örtlichen Verhältnisse gibt es nicht.

Professor Michael Matthies von der Universität Osnabrück erläutert die Modellierung von Stoffflüssen in größeren Gewässereinzugsgebieten mit Hilfe der Integration von Sub-Modellen. Dabei werden Zuflüsse und Abbauvorgänge berücksichtigt. Mit dieser Methode lassen sich die Auswirkungen von Schadstoffeinleitungen quantitativ darstellen.

Professor Volker Lüderitz und Uta Langheinrich von der Hochschule Magdeburg-Stendal zeigen am Beispiel des Niedermoor- Naturparkes Drömling in Sachsen-Anhalt auf, wie für künstliche Wasserläufe, wie z. B. Drainagegräben, anhand von Referenzgewässern ein guter ökologischer Zustand definiert und über wohldosierte und gezielte Unterhaltungsmaßnahmen erreicht werden kann.

In den Beiträgen zum Themenblock **Ingenieurökologie und Ressourcen-Management** wird deutlich, dass ingenieurökologische Methoden und Verfahren heute auch in die Gestaltung und Entwicklung von vorwiegend städtischen Siedlungsräumen eingebracht werden können und müssen.

Die Wechselbeziehung zwischen urbanen Einheiten über Stoffströme ist Thema des Beitrags von Dr. Claudia Binder von der ETH Zürich. Am Beispiel einer Stoffstromanalyse einer Gemeinde in Kolumbien zeigt sie den Ressourcenverbrauch (z.B. Wasser) und die Umwelteinflüsse (z.B. Abwasser) auf. Es wird erläutert, wie die Stoffstromanalyse als Grundlage für Verbesserungsmaßnahmen genutzt wird.

Professor Manfred Voigt von der Hochschule Magdeburg - Stendal gibt einen Einblick in das Thema „Kommunikation als Grundlage des Ressourcen-Managements".

Gerade bei interdisziplinären Ansätzen und Projekten ist die Kommunikation aufgrund der jeweils unterschiedlichen Wahrnehmung und Filterung der Informationen eine Herausforderung.

Julia Gesenhoff von der Universität Dortmund stellt ingenieurökologische Konzepte zur Dezentralisierung von Ver- und Entsorgungskonzepten und die Techniken der Trennung von Stoffströmen (z.b. mit speziellen Toilettensystemen) vor. Die dezentralen Ansätze erlauben auch die Umsetzung von kleinräumigen Wasser- und Stoffkreisläufen, die z.b. beim ökologischen orientierten Ausbau einer Universität in Ghana verwirklicht werden. Professor Detlef Glücklich von der Bauhaus Universität Weimar stellt dieses Projekt, das in Zusammenarbeit mit der IÖV durchgeführt wird, vor. Beim ökologischen Ausbau der Universität werden „Stadtschaft" und „Landschaft" miteinander verknüpft. Wasser (Regenwasser und Abwasser) und Nährstoffe werden gesammelt und landwirtschaftlich genutzt.

Angesichts der in diesem Band vorgestellte Breite und Tiefe der ingenieurökologischen Ansätze, aber auch der Notwendigkeit zur weiteren Vernetzung der Themengebiete konstatierten die Teilnehmer der Konferenz einen enormen Forschungs- und Handlungsbedarf. Dieser betrifft vor allem auch die Etablierung der Ingenieurökologie im Umweltingenieurwesen und beim Umgang mit den natürlichen Ressourcen in der Gesellschaft generell. In diesem Sinn soll die Veranstaltungsreihe zu ausgewählten Schwerpunktbereichen fortgesetzt werden und dieser Band soll erreichen, dass auch andere, die nicht dabei gewesen sind, davon profitieren können.

Walter Leal Filho   Volker Lüderitz   Gunther Geller
Januar 2005

Dipl.-Ing. Gunther Geller

Ingenieurökologie im deutschsprachigem Raum: Grundlagen und Beispiele

Zusammenfassung/ Abstract

Zusammenfassung

Das Fachgebiet der Ingenieurökologie hat sich im deutschsprachigen Raum seit einigen Jahrzehnten etabliert. Waren es anfangs vor allem Projekte im Objektplanungsmaßstab, Pflanzenkläranlagen in unterschiedlichsten Varianten, gewinnen zwischenzeitlich auch Projekte im Maßstab der Stadt- und Raumplanung an Bedeutung.

Nachdem für Pflanzenkläranlagen das hohe Leistungspotential dokumentiert und als Stand der Technik definiert ist, gilt es, dieses Leistungspotential tatsächlich in der Praxis verfügbar zu machen, wofür ein entsprechendes Qualitätsmanagement eingesetzt werden muß.

Für den Maßstab der städtebaulichen Planung dient der ökologische Ausbau der Valley View Universität in Ghana als Beispiel.

Abstract

Ecological Engineering is a discipline with some decades of history in the German speaking countries. When for the first time mainly constructed wetlands has been projects in ecological engineering, nowadays projects in the scale of urban or regional planning gain importance.

Constructed wetlands as state of the art have proved their potential as highly effective purification steps. Now the task is to bring that potential to the ground under all practical circumstances and conditions. Here quality management adapted to ecological engineering solutions is necessary.

As an example of ecological engineering in the scale of urban planning the ecological development of the Valley View University in Ghana can serve as a success case.

Schlagworte

Ingenieurökologie, Pflanzenkläranlagen, Qualitätsmanagement, Objektplanung, Stadtplanung, Regionalplanung.

Ecological Engineering, constructed wetlands, quality management, object scale, town planning, regional planning

Einführung

Die Ingenieurökologie leitet sich aus den zwei Fachgebieten Ökologie und Ingenieurwesen ab.

In beiden Disziplinen wird seit einigen Jahrzehnten versucht, die Gesichtspunkte der jeweils anderen Disziplin in das eigene Fachgebiet zu integrieren. Von Seiten des Ingenieurwesens sind es Bestrebungen, ganzheitliche Ansätze zu integrieren. Bei vielen Sparten der Umwelttechnik wurde bald erkannt, daß der Ansatz, immer erst am Ende der Leitung (end-of-pipe-technology) mit der Reparatur zu beginnen, zu kurz greift und unter Umständen mehr und größere Folgeprobleme nach sich zieht (FÖRSTNER 1991). Um diese Probleme zu vermeiden, wurde deshalb vor allem auch im industriellen Bereich der Weg beschritten, Problemstoffe durch Umstellung von Produktionsverfahren von vorneherein zu vermeiden. Beispiele dafür sind der Einsatz von Wasserlacken in der Autoindustrie und die Umstellung der Produktion bei Kühlschränken auf FCKW-freie Kühlflüssigkeiten.

Von ökologischer Seite wurde die Integration ingenieurmäßiger Ansätze in Teilbereichen schon länger verfolgt, z. B. in der Landschaftsökologie und – architektur.

Trotzdem blieb in beiden Disziplinen, also Ingenieurwesen und Ökologie, die vollständige Integration aus, von einigen wenigen Ausnahmen abgesehen, wie z.b. dem Landschaftsplan Köln (Büro Grebe), bei dem TOMASEK (1977, 1979) diese menschliche Siedlung als Ökosystem behandelte und die Planung konsequent auf diesem ökosystemaren Ansatz gründete. Hier wurde der Stadtplaner und Landschaftsökologe wohl zum ersten Mal als Systemsteuerer verstanden.

Letztlich ist Ingenieurökologie genau das zielgerichtete, auf Ökosysteme bezogene Planen und Handeln, wie es in der Nachhaltigkeitsdiskussion seit der Konferenz der Vereinten Nationen in Rio 1992 als Agenda 21 gefordert wird, deren Ziel eine nachhaltige umweltverträgliche Entwicklung (sustainable development) ist, welche "die Bedürfnisse der Gegenwart deckt, ohne zukünftigen Generationen die Grundlage für deren Bedürfnisbefriedigung zu nehmen" (BRUNDTLAND-KOMMISSION 1987). Um den Grundsatz der Nachhaltigkeit umzusetzen, ist ein ganzheitlicher Ansatz notwendig, der auf tiefgehendem Verständnis für ökologische Zusammenhänge beruht. Die Umsetzung muß dabei ökosystemgerecht erfolgen, also mit möglichst geringem Aufwand und möglichst geringen Folgeschäden.

Der Begriff und das Themenspektrum der Ingenieurökologie haben eine lange Tradition in Deutschland. Bereits 1983 erschien das Handbuch Ingenieurökologie (BUSCH et al 1983) von einem Autorenkollektiv der TU Dresden, UHLMANN (1983) und STRASKRABA (1985, 1993) veröffentlichten in dieser Zeit mehrere Arbeiten zum Thema unter dem Synonym Ökotechnologie. Anfang der 90er Jahre veranstaltete der Arbeitskreis Ökotechnik (als weiteres Synonym) mehrere Symposien mit entsprechenden Berichtsbänden (ARBEITS-GRUPPE ÖKOTECHNIK 1990, 1991).

1993 wurde die Ingenieurökologische Vereinigung IÖV gegründet, als erste Landessektion, noch vor der Gründung der internationalen Dachorganisation International Ecological Engineering Society (IEES). 1999 war an der Hochschule Magdeburg-Stendal der Start des ersten Studienganges Ingenieurökologie an einer deutschen Hochschule.

Wie die verschiedenen Synonyme andeuten, hat sich auch der Begriffsumfang im Laufe der Jahrzehnte gewandelt und erweitert.

UHLMANN (1983) und STRASKRABA (1984, 1985, 1993) definieren Ökotechnologie als Einsatz technischer Mittel zum Ökosystem-Management, das auf tiefgehendem Verständnis für ökologische Zusammenhänge beruht und dabei die Kosten für notwendige Maßnahmen sowie deren schädliche Folgen für die Umwelt senkt (nach MITSCH & JÖRGENSEN 1989). KÜCHLER (in: BUSCH et al 1989: 248) erläutert dazu:

„Gegenstand der Ökotechnologie ist die großtechnische Nutzung biologischer Pufferungs-, Selbstregulations- und Selbstreinigungsmechanismen für eine effektive Bewirtschaftung von Naturressourcen. Auf „natürlichen" Hilfsquellen beruhend (Sonnenenergie; Nutzung der Photosynthese), besteht die Zielstellung darin, den Arbeitskräftebedarf, den spezifischen Energie- und Materialeinsatz, allgemein den gesellschaftlichen Aufwand für die Pflege von Ökosystemen sowie für Reparatur und Regeneration geschädigter Ökosysteme zu minimieren...".

Im Vorwort der Herausgeber zur ersten Auflage des „Handbuches Ingenieurökologie" heißt es:

"Unter Ingenieurökologie verstehen wir die ingenieurmäßige Umsetzung ökologischer Erkenntnisse und Prinzipien". Das Buch soll die Grundgesetzmäßigkeiten der Ökologie in einer für den Ingenieur und Ökonomen anwendbaren Form darlegen. Die Ingenieurökologie ist bestrebt, die vorliegenden Erkenntnisse zu quantifizieren und anzuwenden. (BUSCH et al 1983).

Im Geleitwort zur zweiten Auflage wird zu Ingenieurökologie erläutert (JACOBS (1989: 7):

„Gemessen an unserer ökonomischen Strategie, die der Einheit von Wirtschafts- und Sozialpolitik dient, stehen wir hinsichtlich der optimalen ökologisch-technologischen Systemgestaltung noch am Anfang. Die qualitativen Maßstäbe des dynamischen Wachstums erfordern im sorgsamen Umgang mit den Ressourcen neue Denk- und Verhaltensweisen. Intensivierung der naturnah bewirtschafteten Ökosysteme land- und forstwirtschaftlich genutzter Flächen und die sich erweiternden Dimensionen regionaler, urban-industrieller Komplexe vereinbaren sich nicht mehr mit einer pragmatisch improvisierten Behandlung nur einzeln genommener Komponenten. Der Diskrepanz zwischen unbeaufsichtigter Veränderung und planmäßigem Gestaltungsvermögen ist die optimale Beherrschbarkeit komplexer ökologischer Selbstregulation und Steuerbarkeit entgegenzusetzen...."

Ein anderer Ansatz wurde in Schweden verfolgt. An der technischen Hochschule in Östersund wurde Ökotechnik unter dem Namen ecotechnics seit 1983 im Rahmen von Kursen und Seminaren gelehrt. Ökotechnik entwickelte sich hier seit den 60er Jahren aus einem Kurs „Umweltschutz für praktizierende Ingenieure".

In Östersund fand 1995 ein Symposium mit dem Titel „Ecotechnics for a sustainable society" statt. Im Vorwort des daraus entstandenen Buches mit dem gleichen Titel heißt es:

„The philosophy of ecotechnics is to integrate teaching and research so as to develop the potential of humans and their ability to utilize bioresources wisely. Ecotechnics is an interdisciplinary new science the aim of which is to, through new approaches, create the sustainable society. The tools are ecology, economy and technology in cooperation. It encourages care in the use of bioassets, a feeling for contexts and both theoretical and practical skills in handling systems. The pursuit of ecotechnics requires curiosity, openess, and the courage to apply new approaches. (THOFELT & ENGLUND 1996: XV-XVI).

Die Hauptthemenbereiche dieses Symposiums in 5 Sektionen repräsentieren auch heute noch die Hauptbetätigungsfelder der Ingenieurökologen:

- Ecotechnics – A System of Education, Research, and Development
- Urban Ecosystem Management
- Productive Wastewater Treatment
- Computer Technology and Ecotechnics
- Industry and Ecotechnics.

Dem schwedischen Ansatz eigen ist die besonders stark ausgeprägte Betonung der Wissens- und Erfahrungsvermittlung, also des pädagogischen Ansatzes und die Beeinflussung des gesellschaftlichen Umfeldes. Aus der Erläuterung der Herausgeber in ihrem Vorwort zu diesen Hauptthemen wird die breite Spanne ihres ingenieurökologischen Ansatzes deutlich. Er strebt eine Vernetzung von Praxis und Forschung an, eine Ausbildung des Verständnisses bereits ab dem Kindergarten und von da an zeitlebens und die Einflußnahme bis zu der im gesellschaftlich-politischen Bereich, weil Ingenieurökologie Systemsteuerung auch der kulturell-menschlichen Systeme meint.

Als Begründer der Ingenieurökologie kann H.T. ODUM gelten, der diese bereits 1962 definierte als:

"enironmental manipulation by man using small amounts of supplementary energy to control systems in which the main energy drives are still coming from natural sources" bzw.: „the management of nature is ecological engineering, an endeavor with singular aspects supplementary to those of traditional engineering. A partnership with nature is a better phrase" *(ODUM 1962).*

In seinem Buch „Environment, Power and Society"" beginnt ein eigenes Kapitel mit: „Ecological Engineering of new Systems" (ODUM, H.T. 1971: 279). Hier beschreibt er seine Vorstellung von Ingenieurökologie weiter:

„...but the existing possibilities for great future progress lie in manipulating natural systems into entirely new designs for the good of man and nature. The inventory of the species of the earth is really an immense bin of parts available to the ecological engineer".

Im Kapitel „Ecological Engineering through control species" entwickelt er die Vision, wie der Mensch größere Systeme kybernetisch handhabt, d. h. große Stoffströme durch kleine Steuerenergien lenkt. Solange noch fossile und nukleare Energien zur Verfügung sind, sollten diese zu Forschung und Experiment genutzt werden, für diesen kybernetischen Ansatz, in Vorbereitung der kommenden Zeiten ohne diese Energien:

„In the intermediate situation ... he must practice ecological control engineering" (ODUM , H.T. 1971: 284).

In einem weiteren Kapitel „The City Sewer Feedback to Food Production" empfiehlt er die Nutzung der in den städtischen Abwässern enthaltenen Nährstoffe in der umgebenden Region, so die Kreisläufe schließend zwischen Stadt und Land, was auch für eine entsprechende Regionalplanung spräche. Er vertritt die Auffassung, daß der Ingenieurökologe Experte, also Spezialist ist, aber gleichzeitig auch jemand mit ganzheitlichem Verständnis, der technische Lösungen findet, die der Natur und Gesellschaft gleichermaßen gerecht werden:

"the engineering of new ecosystem designs is a field that uses systems that are mainly selforganizing" (ODUM 1971:291).

In nicht-westlichen Kulturkreisen ist der Blickwinkel naturgemäß etwas unterschiedlich, in China z.B. sehr stark auf die Ernte der Ökosysteme orientiert. Nach S. MA (1988) wird hier unter „ecological engineering" Folgendes verstanden:

"...a specially designed system of production process in which the principles of the species symbiosis and the cycling and regeneration of substances in an ecological system are applied."

International wurde der Begriff "Ecological Engineering" vor allem von MITCH und JØRGENSEN bekannt gemacht, die 1989 auch das erste Handbuch zur Ingenieurökologie im englischen Sprachraum herausgegeben haben:

"We define ecological engineering and ecotechnology as the design of human society with its natural environment for the benefit of both (MITSCH 1988). It is engineering in the sense that it involves the design of this natural environment using quantitative approaches and basing our approaches on basic science. It is a technology with the primry tool being selfdesigning ecosystems. The components are all of the biological species of the world." *(MITSCH & JØRGENSEN 1989).*

In ihrer Betrachtung zur Zukunft der Ingenieurökologie führen GUTERSTAM & ETNIER (In: STAUDENMANN et al 1996: 99) dazu aus:

"We can ... state that ecological engineering uses the resource management principles of ecosystems. In reality technical and ecological solutions cooperate. ... An ecological engineer takes a wide responsibility for her or his solution to a practical problem".

Grundlagen der Ingenieurökologie

Bezugsobjekt und Ziel

Das wichtigste "Merkmal" der Ingenieurökologie ist, daß hier das Ökosystem Bezugsobjekt des Handelns ist, so wie für die Ingenieurbiologie die Pflanze und für das Bauingenieurwesen das technische Objekt (Brücke, Strasse, Kläranlage).

Das Handeln basiert auf einem ökosystemaren Ansatz, auf einer ganzheitlichen Sicht des betreffenden Ökosystems einschließlich seiner Umwelt unter Berücksichtigung der übergeordneten Ökosysteme.

Ingenieurökologie ist nicht synonym mit nachfolgenden Fachgebieten, die nicht das gesamte Ökosystem als Bezugsgegenstand haben und nicht aus einem ganzheitlichen Ansatz heraus am Beginn der Ursachen-Wirkungskette ansetzen:
- Ingenieurbiologie (Bezugsgegenstand ist hier die Pflanze in ihrem Umfeld)
- Ingenieurwesen (Bezugsgegenstand ist hier das technische Bauwerk)
- Umweltschutztechnik (setzt am Ende der Ursachen-Wirkungskette mit Reparaturmaßnahmen an)
- Naturschutz (behandelt Teilbereiche des Ökosystems, insbesondere die nichtmenschlichen biotischen Systemteile)

Die Ingenieurökologie baut auf der wissenschaftlichen Ökologie auf. Es werden dabei Erkenntnisse der Ökologie und Ökosystemforschung sowie weiterer Wissenschaften angewandt und in eine bestimmte Methodik und ein entsprechendes Regelwerk überführt, sodass eine auf Regeln basierende ingenieurmäßige Umsetzung möglich wird.

Ein Beispiel hierfür sind Pflanzenkläranlagen, die wie technische Kläranlagen ingenieurmäßig berechnet, geplant und gebaut werden und auch technische Komponenten enthalten können. Der wesentliche Unterschied zu einer technischen Kläranlage besteht darin, daß eine Pflanzenkläranlage ein Ökosystem ist, das nach dem Bau energie- und wartungsarm ist, weil es hauptsächlich natürliche Energien und Prozesse nutzt, sich weitgehend und langfristig selber erhält und wenig Regelaufwand und Eingriffe erfordert.

Ziel der Ingenieurökologie ist es, Ökosysteme so zu schaffen oder zu erhalten, daß sie über einen längeren Zeitraum eigenständig und ohne größeren Energie- und Steuerungsaufwand stabil sind.

Gegenstand und Planungs-Maßstäbe der Ingenieurökologie

Die Planungsebenen der Ingenieurökologie entsprechen der Größe, in der Ökosysteme vorkommen:
- kleine Ökosysteme: Objektplanung
- mittelgroße Ökosysteme: Stadt-, Landschafts-, Bebauungs-, Grünordnungs-, Dorf- und Stadtplanung
- großräumige Ökosysteme: Raum und Landschaftsrahmenplanung

Grundsätzlich können im Rahmen ingenieurökologischer Konzepte, Planungen und Maßnahmen Ökosysteme
- ganz neu geschaffen, oder
- vorhandene saniert, genutzt, oder
- so erhalten werden, daß sie dauerhaft von selber weitgehend stabil (=nachhaltig) sind, und keine oder wenig technische Energie brauchen.

Pflanzenkläranlagen als Beispiel für den Planungsmaßstab der
Objektplanung

Verfahren, Varianten, Einsatzgebiete

Das bekannteste Beispiel von ingenieurökologischen Projekten überhaupt, nicht nur auf der Maßstabsebene der Objektplanung, sind Pflanzenkläranlagen. Seit vielen Jahrzehnten werden sie zur Reinigung verschiedenster Wässer eingesetzt, in unterschiedlichsten Verfahrenskombinationen und -varianten. Allen diesen Systemen ist gemeinsam, daß Feuchtgebietspflanzen und die Wechselwirkung von Wasser und Boden- bzw. Filtermaterial eine große Rolle spielen.

Für eine einheitliche universelle Klassifikation der Pflanzenkläranlagen im weiteren Sinne, hier synonym zu „Feuchtgebietstechnik" und „wetland systems" verstanden, wird folgende einfache grundsätzliche Einteilung vorgeschlagen (von extensiveren zu intensiveren geordnet):
- Natürliche oder naturnahe Feuchtgebiete zur Wasserbehandlung, meist großflächig, mit geringen menschlichen Eingriffen
- Künstliche Feuchtgebiete mit geringen Erdbewegungen und kleinem Anteil künstlicher Bodenpassagen zur Wasserbehandlung (Typ Braunschweiger Rieselfelder oder Schöneberger Feuchtgebiete),
- Künstliche Feuchtgebiete mit größerem konstruktiven Aufwand und hohem Anteil künstlicher Bodenpassagen zur Wasserbehandlung. In Deutschland für die Abwasserreinigung als „Bewachsene Bodenfilter" eingeführt (GELLER & LENZ 1982, FEHR et al. 2002). Die Bodenpassage kann vertikal oder horizontal sein. Die Filtermaterialien können unterschiedlich sein. Hierunter fallen die meisten üblicherweise unter Pflanzenkläranlagen oder Pflanzenbeet-Anlagen eingereihten Systeme, z. B. nach SEIDEL/ HAIDER/RAUSCH, LÖFFLER, KICKUTH, GELLER usw.
- Künstliche Feuchtgebiete mit größerem konstruktiven Aufwand zur Klärschlammbehandlung (z.B. System EKOPLANT).

Diese Typen können in verschiedenen Kombinationen vorkommen (z.B. als Vertikal-Horizontalfilter-Kombination, SBR-Vertikalfilter, Belebung und nachgeschaltete Rieselfelder, kombinierter Vorreinigung-/Klärschlammstufe mit nachgeschalteten Vertikalfiltern...) und auch Übergänge ineinander aufweisen. Die Art von Filtermaterial- und Pflanzenauswahl und Durchströmung muß aufeinander und auf den jeweiligen Anwendungsfall angepaßt sein.

Im deutschsprachigen Raum kommen Pflanzenkläranlagen bisher an folgenden Stellen zum Einsatz:
- Als einzige biologische Stufe einer Kläranlage,
- in Kombination mit einem anderen biologischen Klärverfahren,

- als Nachreinigungsstufe.

Sie werden heute eingesetzt zur Behandlung von:
- Regen- bzw. Mischwasser (z.B. als Retentionsbodenfilter),
- häuslich-kommunalem Abwasser,
- gewerblich-industriellem Abwasser.

Abb. 1: Horizontalfilter Schurtannen, Gemeinde Kißlegg (Allgäu). Baujahr 1993. Constructed wetland, horizontal flow system, for Schurtannen (South Germany). Year of construction: 1993.

Abb. 2: Feuchtgebietskläranlage Schöneberg, Markt Pfaffenhofen (Unterallgäu). Baujahr 2001. Constructed wetland, overflow system, of Schöneberg (Bavaria) (year of construction 2001).

Abb. 3: Bau bei ingenieurökologischen Projekten: Beispiel Vertikalfilter. Construction of vertical flow systems as an example of the construction in ecological engineering.

Leistungsvermögen

Das Leistungsvermögen dieser Systeme wurde in vielen Forschungsvorhaben nachgewiesen, zuletzt im Rahmen eines Verbundvorhabens der Deutschen Bundesstiftung Umwelt (FEHR et al 2003, GELLER et al 2002). Hier wurden 70 größere Pflanzenkläranlagen im deutschsprachigen Raum erfasst und ausgewertet. Zusätzlich zu den üblicherweise erfassten Bemessungs- bzw. Belastungsparametern und den Ablaufwerten wurden die im Umsetzungsprozeß wichtigsten Beteiligten befragt und deren Erfahrungen systematisch ausgewertet.

Die Auswertung der Daten zeigte, dass unabhängig vom Verfahren fast alle Anlagen eine hohe Leistungsfähigkeit beim Kohlenstoffabbau aufwiesen.

Beim BSB_5 erreichten 90 % der Anlagen Ablaufwerte unter 35 mg/L. Damit wurden bei den meisten Anlagen die gesetzlichen Mindestanforderungen (in Deutschland 150 mg/l CSB und 40 mg/l BSB_5 für Anlagen bis 1.000 EW) deutlich unterschritten.

Beim CSB wurden bei 90 % der Anlagen Abbaugrade von über 70% erreicht, die Hälfte der Anlagen erzielte Abbaugrade von über 89%. Der Wirkungsgrad des BSB_5-Abbaus lag bei 90 % der Anlagen höher als 88% und bei 50% der Anlagen höher als 96%.

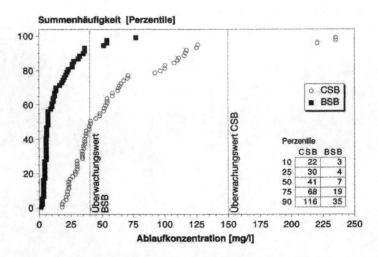

Abb. 4: CSB-/ BSB5-Ablaufkonzentrationen, Betriebsmittelwerte (n= 68/65, Anlagen z.T. nach Betriebszuständen getrennt). Concentrations of COD and BOD5 in the effluent. Average of works in everyday operation, partly separated according to various operational conditions (n=68/65).

Qualitätsmanagement in der Ingenieurökologie am Beispiel der Pflanzenkläranlagen

Obwohl sich aus den ausgewerteten Daten generell ein gutes Leistungsbild für Pflanzenkläranlagen ergab und die meisten Betreiber sehr zufrieden mit ihrer Anlage waren, zeigte die Vor-Ort-Einsicht und Befragung der Betreiber Schwachstellen im Alltagsbetrieb deutlich auf. Wesentliche Auswirkungen auf die Leistungsfähigkeit hatten u. a. folgende Punkte:

- Probleme mit Schlammaustrag aus der Vorklärung, z. B. durch Fremd-wasser oder mangelhafte Konstruktion, führten häufig zu Kolmationser-scheinungen und wirkten sich dadurch oft negativ auf die Reinigungs-leistung der Pflanzenkläranlagen aus.
- Bei den Anlagen zeigten sich Fehler bei der Gestaltung der Beschickungs-einrichtungen, z.B. durch ungleichmäßigen Bewuchs. Eine ungleich-mäßige Durchströmung führte in der Regel zu einer verminderten Reinigungsleistung.
- Die Betreiber hatten in der Regel zwar eine Einweisung in den Betrieb der Anlagen bekommen, jedoch zeigten sich häufig Unsicherheiten in der Betriebsführung. Ein hohes Interesse und Engagement der Betreiber äußerte sich oft in besseren Betriebsergebnissen, da Betriebsprobleme rechtzeitig erkannt und behoben wurden.

- Gerade aus den Erfahrungen engagierter Betreiber ließen sich Empfehlungen zur Optimierung des Betriebes ableiten.
- Nicht geregelte Zuständigkeiten führten bei einigen Anlagen dazu, dass Wartung und Kontrolle vernachlässigt und notwendige Maßnahmen zur Verbesserung oder Aufrechterhaltung des Betriebs nicht durchgeführt wurden.

Bei der Erfassung der Gesamtsituation der Anlagen wurde deutlich, dass sich neben den Belastungsparametern die vielfältigen Einflüsse im Betrieb auf die Leistung und Betriebssicherheit auswirken können. Als einer der Haupteinflussfaktoren ist nach der Auswertung der Betriebserfahrungen die Vorklärung anzusehen. Hier sind u.a. die Vermeidung von Fremdwassereinflüssen und eine ordnungsgemäße Wartung von Bedeutung. Da sich die Pflanzenkläranlagen vom Aufbau, verwendeten Material und der Betriebsweise her stark unterscheiden können, sind Bemessungsempfehlungen allein nicht ausreichend.

Damit die potentielle Leistungsfähigkeit auch tatsächlich langfristig zur Verfügung steht, ist zusätzlich also ein umfassendes Qualitätsmanagement erforderlich. Dieses muß alle Beteiligten erfassen, die im gesamten Prozeß des „Entstehens" mitwirken und damit Einfluß auf die Qualität der Pflanzenkläranlagen haben. Ebenso müssen der gesamte Umsetzungsprozeß sowie alle relevanten Rahmenbedingungen berücksichtigt werden.

Der gesamte Umsetzungsprozeß beginnt mit den ersten Diskussionen bis zur Entscheidung über die Lösung im Gemeinderat und erstreckt sich weiter über Planung, Genehmigung und Bau bis zu Betrieb und Wartung. Er umfaßt in der Regel nachfolgende Phasen:

Vorphase	Planung und Bau (§ 55 HOAI)		Betrieb / Wartung
	Planung	Bau	
			Einweisung
Bürgerinformation	Vorplanung	Bauoberleitung	Inbetriebnahme
Information Gemeinderat	Entwurf	Bauleitung	Wartung
Abstimmung mit Behörden	Genehmigungsplan	Filterauswahl	Kontrollen
Entscheidung	Ausführungsplan	Filtereinbau	Instandsetzung
	Ausschreibung	Abdichtung	Pflegemaßnahmen
	Vergabe	Bepflanzung	

Tab. 1: Umsetzungsprozeß. Steps of implementation.

Bei diesem Umsetzungs-Prozeß wirken folgende Beteiligte in verschiedenen Funktionen und verschiedenen Abschnitten mit. Deren Engagement, Qualifikation und Erfahrung bestimmen wesentlich über den Erfolg der Klärlösung mit Pflanzenkläranlagen. Sie haben andererseits bestimmte, jeweils unterschiedliche Qualitäts-Ansprüche.

Entscheider	Berater	Umsetzer	Betreiber	Berichterstatter
Bürgermeister	Gemeindeverwaltung	Planer	Betreiber	Zeitung
Gemeinderäte	Wasserwirtschaftsamt	Baufirma	Betriebs-personal	Fachzeitschrift
Wasserwirtschaftsamt	Landratsamt	Lieferanten	Labor	Rundfunk
Landratsamt	Planer		Instandhalter	Fernsehen
				Internet

Tab. 2: Beteiligte. Participants/ Stakeholders

Zu den relevanten Elementen bei Pflanzenkläranlagen gehören u. a.:

Rahmenbedingungen	Kläranlage	Daten
Standort	Vorklärung	Abwasser
Vorflut	Horizontal/Vertikalfilter	Filtermaterial
Ablaufanforderungen	Filtermaterial	Methoden
Kanalsystem	Filteraufbau	Analyse-Stelle
Art des Abwassers	Beschickungssystem	
Menge des Abwassers	Entwässerungssystem	
Einleiter	Pflanzen	
	Abdichtung	
	Rückführung	
	Weitere Stufen	

Tab. 3: Relevante Elemente. Relevant elements

Arbeitsmittel des Qualitätsmanagements

Bei der Umsetzung des Qualitätsmanagements haben sich als Werkzeuge Verfahrensanweisungen und weitere Arbeitsmittel wie Checklisten, Formblätter und Muster bewährt, mit deren Hilfe die Entscheidungs- und Arbeitsabläufe so gestaltet werden können, dass die Funktion der Pflanzenkläranlagen und ihre hohe Qualität langfristig sichergestellt werden.

Die Verfahrensanweisungen beschreiben für eine Prozeßphase die einzelnen Ablaufschritte, die erforderlichen Unterlagen und Arbeitsmittel, die Zuständigkeiten und die jeweiligen Ergebnisse.

In den Arbeitsmitteln werden dann einzelne Schritte detaillierter ausgeführt, wie z.B. in einer Checkliste zur Bedienungsfreundlichkeit.

Verfahrensanweisung Anlagenplanung

Eingabe	Vorgang	Ergebnis	Beteiligte
Grundlagendaten + Auslegungsdaten	Einsatzbereich prüfen		Planer Betreiber
➤ EP Vorklärung	Vorklärung auswählen	Typ Vorklärung	Planer Betreiber
➤ EP Bodenfilter	Bodenfilter auswählen	Typ Bodenfilter	Planer Betreiber
Typ Vorklärung + Typ Bodenfilter	Verfahrenskombination prüfen	Verfahrens- kombination	Planer
➤ FB Bemessung Horizontalfilter ➤ FB Bemessung Vertikalfilter	Bodenfilter bemessen (ggf. weitergehende Abwasserreinigung berücksichtigen)	Auslegung des Bodenfilters	Planer
➤ CL Anlagenplanung	Bauteilanordnung und Leitungsführung festlegen	Planunterlagen	Planer Betreiber
Auslegung + Planunterlagen	Erläuterungsbericht erstellen	Erläuterungsbericht	Planer
➤ CL Entwurf	Prüfen des Entwurfs		Planer Betreiber
Genehmigungs- unterlagen	Genehmigungs- unterlagen einreichen		Planer Betreiber

Abb.5: Beispiel für eine Verfahrensanweisung zur Anlagenplanung (GELLER & HÖNER 2003) Example for the procedure of planning a constructed wetland.

Checkliste Anlagenplanung

Projekt: _____

Bearbeiter: _____

	nicht erforderlich	erforderlich	ok	Bemerkungen
Rechen				
effektive Vorklärung				
Zuleitungen im Freigefälle				
Beschickungsschacht (VF)ausreichend groß				
Bodenfilter:				
Aufteilung in Teilflächen				
Ableitung im Freigefälle				
Massenausgleich vorgesehen				
Alternierender Betrieb möglich				
Beetablauf: Einstaumöglichkeit vorgesehen				
Verbindungsleitungen möglichst kurz				
Kontrollschacht mit Absturz zur Probenahme				
Betriebsgebäude				
Stromanschluß				
Wasseranschluß				
befestigte Zufahrt				
Anlagenteile zugänglich				
Umzäunung vorgesehen				
standortangepaßte Geländebegrünung				

Bemerkungen:

Abb. 6: Beispiel für Arbeitsmittel: Checkliste Anlagenplanung (Auszug): Checkliste zur Anlagenplanung. Example for quality tools: checklist for the planning of constructed wetlands (extract).

Der ökologische Ausbau einer Universität als Beispiel für den Planungsmaßstab der Dorf-/Stadtplanung:

Im städtebaulichen Planungsmaßstab wurden bisher nur wenige Projekte geplant und umgesetzt, deren Bezugsgegenstand das jeweilige Ökosystem als Ganzes war.

Ein umfassendes ökologisches Gesamtkonzept wird z.Z. an der Valley View University (VVU) in Accra verwirklicht. Die VVU als größte private Universität Ghanas baut ihren Campus von 1.000 auf 5.000 Nutzer in den nächsten 10 Jahren aus.

Die städtebauliche Entwicklung erfolgt nach einem ökologischen Gesamtentwicklungsplan, der verschiedene Teilkonzepte integriert, wie Bebauung, Freiflächen, Verkehr, Infrastruktur, Landwirtschaft, Kreisläufe usw.

Ein Teil dieser Maßnahmen wird von einem BMBF-Programm (dezentrale Wasserver-/Abwasserentsorgung) gefördert (02WA0472-0476). Partner dieses Verbundvorhabens sind die Bauhaus-Universität Weimar, die Universität Hohenheim, die Ingenieurökologische Vereinigung sowie die Firmen Palutec und Berger-Biotechnik.

Darüberhinaus wird die VVU ausgebaut und genutzt als Drehscheibe für weitere Aktivitäten von deutscher Seite und mit deutschen Stellen: Von den deutschen Firmenpartnern des genannten BMBF-Vorhabens wird mit der VVU zusammen eine ecotechnics Ltd. zu Installation, Wartung und Training im Bereich ökologischer Sanitärtechnik gegründet. Die VVU ist für den BMBF-ideenwettbewerb Integrated Water Resources Management Stützpunkt und Demonstrationsvorhaben, ebenso für weltbankgeförderte Ausschreibungen, die für deutsche KMU unter Betreuung der Fraunhofer Gesellschaft (IGB) von der IÖV als Ansprechpartner betreut werden (z.B. UESPII). Mit den Hochschulen in Augsburg und Magdburg bestehen bereits Kooperationsabkommen.

Hier wird die wirtschaftsfördernde Wirkung des VVU-Ausbaus ersichtlich, das hier u. a. KMU aus Deutschland zum Markteinstieg in Ghana verhilft, ebenso aber auch ghanaischen Firmen, die im ökologischen Gewerbegebiet der VVU sich ansiedeln, den Ausbau und das Training an der VVU mit unterstützen und von dort sich den ghanaischen Markt und andere Märkte erschließen können.

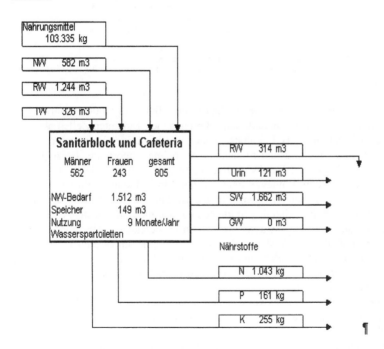

Abb. 7: Stoffstrombilanz für Sanitärblock und Mensa der Valley View Universität. Ausbaustufe 1.000 EW. Mass-flow-balance for sanitary block and cafeteria of Valley View University (1.000 people on campus now)

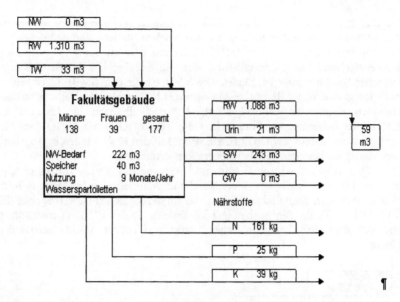

Abb. 8:   Stoffstrombilanz für das neue Fakultätsgebäude der Valley View Universität. Ausbaustufe 1.000 EW. Mass-flow-balance for the new faculty building of Valley View University
(1.000 people on campus now)

Aus der Stoffstrombilanz für die Ausbaustufen 1.000 und 5.000 Personen läßt
sich die unterschiedliche Charakteristik der einzelnen Einheiten/Zellen ablesen:
bezüglich Wasser sind z.B. Fakultätsgebäude und bisheriges Hauptgebäude Ex-
porteure, Mensa/Cafeterie und Studentenwohnheime Importeure. Es zeigt sich
auch, daß der Bedarf der Landwirtschaft an Wasser weit über den „Liefermög-
lichkeiten" der anderen Einheiten liegt und alle Möglichkeiten, Wasser zur Verfügung zu stellen, genutzt werden müssen. Deshalb wird zukünftig die Grau-
wassernutzung verstärkt (bei den Studentenwohnheimen und Gästehäusern) und
die Speicherung von Regenwasser wesentlich ausgebaut werden müssen. Inte-
graler Bestandteil des Ausbaus der VVU ist ein umfassendes Qualitätsmanagement, das sicherstellen soll, daß die Entwicklung langfristig erfolgreich
verläuft und über den vom BMBF-Projekt (ecosan-Teil) abdeckten Bereich der
Entwicklung hinausgeht.

Die Installationen der ökologischen Sanitärtechnik und der ökologischen
Kreislaufwirtschaft werden durch ein ganzes Bündel begleitender Maßnahmen
abgesichert:
- Ein intensives Ausbildungs- und Trainingsprogramm auf verschiedenen
  Ebenen (vom Arbeiter bis zum Studenten).
- Einrichtung eines Studienganges Ingenieurökologie.

- Etablierung der beteiligten und weiteren Firmen am Standort VVU und Ghana.
- Kooperation mit weiteren Hochschuleinrichtungen wie Fachhochschule Magdeburg und Augsburg.
- Entsendung zweier von CIM bezahlter Vollzeit-Experten an die VVU als Gewährsleute auch für die übrigen deutschen Partner.
- Bestellung eines Landwirtschaftsmanagers für die VVU-Farm und eines Direktors für die landwirtschaftliche Abteilung.
- Erweiterung des Aufgabenbereichs des Vizepräsidenten für den Ausbau (advancement) zum Vizepräsidenten für die ökologische Entwicklung der VVU.

Aussichten

Die Ingenieurökologie ist im Zeitalter der Nachhaltigkeitsdiskussion die Umsetzungsdisziplin, die es erlaubt, ganzheitliche und umfassende Lösungen praktisch in allen relevanten Maßstabsebenen umzusetzen. Im Objektplanungsmaßstab bieten u.a. Pflanzenkläranlagen viele Möglichkeiten, ökologische Stoffkreisläufe zu verwirklichen, z.B. bei der Regenwasser- und Grauwasserreinigung vor der landwirtschaftlichen Wiederverwendung. In den meisten Ländern der Erde bieten sie für die beste Lösung der Abwasserfrage unter den Gesichtspunkten von Umweltverträglichkeit, Eigenleistung, Technikeinsatz, Betriebskosten und geringem Wartungs- und Betreuungsanforderungen.

Abb. 9: Multifunktionale Nutzung neuer Ökosysteme: Wasserreinigung und Anbau nachwachsender Rohstoffe im Donaumoos (Ing.-Büro Lenz). Multifunctional usage of constructed ecosystems: purification of water and growing renewable resources in the Donaumoos (Southern Germany (Consultant: Lenz).

28   Dipl.-Ing. Gunther Geller

Im Bereich der Stadtplanung steht die große Nachfrage nach dem Systemansatz der Ingenieurökologie noch bevor und wird dann auch bei der Bewältigung der Probleme der rasch wachsenden Megacities in der Dritten Welt sowie der schrumpfenden Städte der Ersten Welt eine wesentliche Hilfe sein.

Im Bereich der Regional- und Raumplanung werden ingenieurökologische Ansätze insbesondere beim Integrierten Management von Gewässereinzugsgebieten unersetzlich sein. Darüberhinaus ermöglichen sie auch die geordnete und nachhaltige Entwicklung von Landschaften in Zeiten rasanter Landnutzungsänderungen.

Literatur

ARBEITSGRUPPE ÖKOTECHNIK (1990): Berichte zur Ökotechnik. Gesamthochschule Uni Kassel, Ekopan: 87.
ARBEITSGRUPPE ÖKOTECHNIK (1991): Berichte zur Ökotechnik. Gesamthochschule Uni Kassel, Ekopan, ISSN 09395040: 106.
BRUNDTLAND-KOMMISSION (1987): siehe HAUFF, V. (1999)
BUSCH, K.-H, UHLMANN, D., WEISE, G. (1983): Ingenieurökologie. 1. Auflage. VEB Fischer Verlag. Jena: 488.
COOPER, P. F., JOBS, G. D., GRENN, M. B., SHUTES, R. B. C. (1996): Reed bed systems and constructed wetlands for wastewater treatment. – Water Research Center (WRc), Swindon, UK: 184.
FEHR, G. , GELLER, G., GOETZ, D., HAGENDORF, U., KUNST, S., RUSTIGE, H., WELKER, B. (2003): Bewachsene Bodenfilter als Verfahren der Biotechnologie – Abschlussbericht –. Texte 05/03. Umweltbundesamt Eigenverlag, Berlin: 254 + Anhang.
von FELDE, K., HANSEN, K., KUNST, S. (1996): Pflanzenkläranlagen in Niedersachsen – Bestandsaufnahme und Leistungsfähigkeit. – Korrespondenz Abwasser, 43 (8): 1382-1392.
FÖRSTNER, U. (1991): Umweltschutztechnik. 2. Aufl., Springer, Berlin, Heidelberg: 507.
GELLER, G., LENZ A. (1982): Bewachsene Bodenfilter zur Wasserreinigung. - Korrespondenz Abwasser, 29 (3): 142-147.
GELLER, G. (1997): Jüngere Erfahrungen mit Pflanzenkläranlagen. – WasserAbwasserPraxis, 5: 27-32.
GELLER, G. (1998): „Horizontal durchflossene Pflanzenkläranlagen im deutschsprachigen Raum – langfristige Erfahrungen, Entwicklungsstand". – Wasser & Boden 50 (1): 18-25
GELLER, G., HÖNER, G., BRUNS, C. (2002): „Handbuch Bewachsene Bodenfilter mit CD-ROM. Evaluation von bewachsenen Bodenfiltern im deutschsprachigen Raum und Hinweise zum Qualitätsmanagement", AZ 14178/09. Ingenieurbüro Ökolog Geller und Partner, Augsburg: 174 und Anhang.
GELLER, G., GLÜCKLICH, D. (2003): Ökologische Kreislaufwirtschaft an der Valley View University (VVU), Accra, Ghana, Westafrika. Bericht Vorprojekt. BMBF-Projekte 02WD0407/8. Augsburg, Weimar: 103.
GELLER, G., HÖNER, G. (2003): Anwenderhandbuch Pflanzenkläranlagen. Springer-Verlag. Berlin: 221.
GLÜCKLICH, D. (2004): Ökologische Gesamtkonzepte mit der „Stadtschaft" als Zielstellung und ihre Umsetzung am Beispiel der Valley View University in Accra/Ghana. Filho...
GUTERSTAM, B., ETNIER, C. (1996): The Future of Ecological Engineering. In: STAUDENMANNetal, Transtec Publictions. Zürich: 99-104.

HAUFF, V. (Hrsg.)(1999): Unsere gemeinsame Zukunft. Der Brundtland-Bericht der Welt-kommission für Umwelt und Entwicklung. Neuauflage. Eggencamp-Verlag, Greven: 421.

IÖV (INGENIEURÖKOLOGISCHE VEREINIGUNG e. V.) (1999): Erste Hinweise zu Qualitätssicherung und Qualitätsmanagement bei Bewachsenen Bodenfiltern (Pflanzen-kläranlagen). – Eigenverlag, Augsburg: 12.

IWA SPECIALIST GROUP ON USE OF MACROPHYTES IN WATER POLLUTION CONTROL (Ed.) (2000): Constructed Wetlands for pollution control. – IWA, London: 156.

JACOBS, H.-J. (1989): Zum Geleit. In: BUSCH et al: Ingenieurökologie. 2. Erweiterte Auf-lage. VEB Fischer Verlag. Jena: 7-8.

LABER, J. (2001): Bepflanzte Bodenfilter zur weitergehenden Reinigung von Oberflächen-wasser und Kläranlagenabläufen. Wiener Mitteilungen Wasser, Abwasser, Gewässer, Bd. 167. Institut für Wasservorsorge, Gewässerökologie und Abfallwirtschaft, Abteilung für Siedlungswasserbau, Industriewasserwirtschaft und Gewässerschutz, Universität für Bo-denkultur Wien. Wien: 180.

MA, S. (1988): 1-13. In: MA et al: Proceedings of the International Symposium on Agro-Ecological Engineering. Ecological Society of Chian: Peking. (Zitiert aus MITSCH (1993)

MITSCH, W.J. & JOERGENSEN, S.E. (1989): Ecological Engineering. An introduction to Ecotechnology.– John Willey & Sons. New York: 472.

ODUM, E.P. (1969): The strategy of ecosystem development. Science, 164: 262-270.

ODUM, E.P. (1971): Fundamentals of Ecology. 3. Auflage. W. B. Saunders Co., Philadelphia, London, Toronto: 574.

ODUM, E.P. (1983): Grundlagen der Ökologie. 2. unveränd. Auflage, Stuttgart (Thieme):

ODUM, E.P. (1992): Great ideas in ecology for the 1990s. Bioscience 42 (7): 542-545.

ODUM, E.P. (1999): Ökologie. Grundlagen, Standorte, Anwendung. Übersetzt und bearbeitet von J. Overbeck. 3. völlig neubearbeitete Auflage. Georg Thieme Verlag. Stuttgart: 471.

ODUM, H.T. (1962): Man in the ecosystem. In: Proceedings Lockwood Conference on the Suburban Forest and Ecology. Bull. Conn. Agr. Station 652. Storrs, CT: 57-75.

ODUM, H.T. (1971): Environment, Power and Society. – Wiley-Interscience, New York:331.

ODUM, H.T. (1983): Systems Ecology: An Introduction – Wiley-Interscience, New York : 644.

ODUM, H.T. (1996): Scales of ecological engineering. Ecological Engineering 6: 7-19.

REED, S.C., CRITES, R.C., MIDDLEBROOKS, E.J. (1995): Natural Systems for Waste Management and Treatment. – Second Edition. McGraw-Hii, New York: 433.

STAUDENMANN, J, SCHÖNBORN, A., ETNIER, C. (1996): Recycling the Resource. Pro-ceedings of the Second International Conference on Ecological Engineering for Wastewater Treatment, School of Engineering Wädenswil-Zürich, 18.-22. September 1995. Transtec Publications, Zürich: 478.

STRASKRABA, M. (1984): New ways of eutrophication abatement. In: M. Straskraba, M., BRANDL, Z., and PROCALOVA, P. (eds.):Hydrobiology and Water Quality of Reser-voirs. Acad. Sci., Cêské Budêjovice, Czechoslovakia: 37-45.

STRASKRABA, M. (1985): Simulation Models as Tools in Ecotechnology Systems. Analy-sis and Simulation, Vol. II Academic Verlag. Berlin.

STRASKRABA, M. (1993): Ecotechnology as a new means for environmental management. Ecological Engineering 2: 311-331.

STRASKRABA, M., GNAUCK, A.H. (1985): Freshwater Ecosystems: Modelling and Simulation. Elsevier, Amsterdam: 305.

30   Dipl.-Ing. Gunther Geller

THOFELT, L. (1996): Ecotechnics The Fusing of Theory an Practice. In: THOFELT, L., ENGLUND, A. (Eds)(1996): ECOTECHNICS for a sustainable society. Proceedings from Ecotechnics 95International Symposium on Ecological Engineering. Mid Sweden University, Frösön: 39.

THOFELT, L., ENGLUND, A. (Eds)(1996): ECOTECHNICS for a sustainable society. Proceedings from Ecotechnics 95International Symposium on Ecological Engineering. Mid Sweden University, Frösön: 362.

THOFELT, L., ENGLUND, A. 1996): PREFACE. In: THOFELT, L., ENGLUND, A. (Eds)(1996): ECOTECHNICS for a sustainable society. Proceedings from Ecotechnics 95International Symposium on Ecological Engineering. Mid Sweden University, Frösön: XVII-XVIII.

TODD, N.J., TODD, J. (1994): From Eco-Cities to Living Machines. Principles of Ecological Design. North Atlantic Books. Berkeley, CA:

TOMASEK, W. (1977), in: PLANUNGSBÜRO GREBE (1977): Köln. Vorentwurf zum Landschaftsplan als Beitrag zum Flächennutzungsplan. Nürnberg: 142.

TOMASEK, W. (1979): Die Stadt als Ökosystem. – Überlegungen zum Vorentwurf Landschaftsplan Köln. – Landschaft + Stadt, 11, H.2: 51-60

UHLMANN, D. (1983): Entwicklungstendenzen der Ökotechnologie. Wiss. Z. Tech. Univ. Dresden 32: 109-116.

Dipl.-Ing. (FH) Wenke Kahrstedt; Yannick Duprat

Das Studium der Ingenieurökologie an der Hochschule Magdeburg-Stendal (FH)

Einleitung

Der Trend der letzten Jahrzehnte in unserer Gesellschaft zeigt, dass sich die Menschheit in einer Übergangsphase von den fossilen zu den regenerativen Energieträgern, von der einfachen Stoff- und Energienutzung zur Verwendung von Energiekaskaden und Stoffkreisläufen und von großtechnisch, zentralen Anlagen zu ressourcenschonenden dezentralen Anlagen befindet[1]. Das Fachgebiet der Ingenieurökologie ist ein neuartiges Gebiet, welches bisher sehr wenig verbreitet ist. Es umfasst im Vergleich zu fachspezifischen Gebieten eine breite Palette von Forschungsschwerpunkten, die naturwissenschaftliche Erkenntnisse und Arbeitsweisen mit ingenieurwissenschaftlichen Verfahren und Methoden verbindet.

Aufgabe der Ingenieurökologie ist es, Konzepte zur nachhaltigen Bewirtschaftung lebenswichtiger Ressourcen wie Boden, Wasser, Luft, Vegetation und Fauna, aber auch zur Renaturierung gestörter Ökosysteme zu entwickeln. Die Brückenqualifikationen, die uns in diesem Studiengang vermittelt werden, betreffen den Kern und auch das Umfeld natur- und ingenieurwissenschaftlicher, unternehmerischer und verwaltender Tätigkeit. Die Tätigkeitsfelder eines Ingenieurökologen gehören nicht zu den klassischen konstruktiven Tätigkeiten von Ingenieuren, sondern betreffen in großem Maße auch den rechtlichen, planerischen, politischen und wirtschaftlichen Bereich.

Die Qualifikationen die wir durch das Studium der Ingenieurökologie erlangen sind besonders in den Bereichen Wirtschaft und Verwaltung nachgefragt, da sich besonders hier ein hoher Standard an umweltbezogenen Leistungen etabliert hat, der heute zur Geschäftsroutine gehört und sich nicht auf bestimmte Tätigkeits- und Geschäftsfelder beschränken lässt.

Mit diesem Vortrag möchten wir als Studenten des Masterstudienganges Ingenieurökologie keine Definition als solche geben, sondern unseren Standpunkt in der heutigen Gesellschaft, die Organisation, den Inhalt und die Ziele unseres Studiums vermitteln.

---

[1] Ausführungen aus: http:// www. wasserwirtschaft. hs-magdeburg. de/ studiengaenge/ studiengang_master/ st_ma_news/ st_ma_news_warum/ st_ma_news_warum. html (Stand: 09/04)

Hintergrund für die Einrichtung des Studienganges Ingenieurökologie an der
Hochschule Magdeburg - Stendal (FH)

Die Gründe für die Errichtung des Masterstudienganges sind verschiedener Her-
kunft. Aus nationaler und auch internationaler Sicht gibt es auf dem Gebiet der
Ingenieurökologie bisher nur eine ungenügend kreative und anwendungs-
bezogene Forschung. So existiert ein gleichnamiger Studiengang derzeit vorrangig in den Industrieländern den nördlichen Regionen der Erde, wobei die U.S.A.
die Spitzenposition einnehmen (siehe Abbildung 1).

Der mangelnde Austausch zwischen Wissenschaft und Praxis führt zu
einer geringen Kreativität in der Umsetzung umweltrelevanter Belange in der
Umweltbranche. Da es sich bei der Ingenieurökologie um ein relativ neues Gebiet handelt gibt es bisher nur sehr wenige hochqualifizierte Fachleute, die
frischen Wind in das Leben der Umweltbranche bringen können. Deshalb ist es
wichtig für die Zukunft, den Austausch zwischen Wissenschaft und Praxis zu
verbessern und die Ingenieurökologie als neues Fachgebiet international bekannt
zu machen.

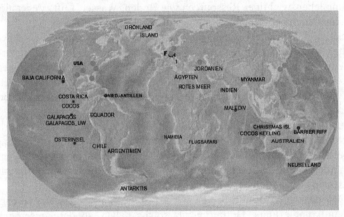

Abb. 1: Weltweite Verbreitung des Studienganges Ingenieurökologie bzw. gleichnamiger Studiengänge

Die Errichtung des Studienganges Ingenieurökologie in Magdeburg stellt auch
für die Region des Landes Sachsen-Anhalt eine gute Perspektive dar. Die
Probleme der strukturschwachen Region des Landes Sachsen-Anhalt sind mit
dem Aufbau der herkömmlichen Infrastruktur nicht lösbar. Die geringe Besiedlungsdichte und die weiten landwirtschaftlich genutzten Flächen erfordern eine
zukunftsorientierte, ökologische Bewirtschaftung die sich zugunsten der Region
entwickelt und auswirkt. Dezentrale Versorgungs- und Entsorgungsstrukturen
und die stoffliche und energetische Verwertung von Biomasse sind zwei
typische Beispiele wie man die strukturellen Probleme in Sachsen-Anhalt
„ingenieurökologisch" lösen könnte.

Die Besonderheit des Konzeptes an der Hochschule Magdeburg liegt in seiner Kombination von wasserwirtschaftlichen und ökologischen Fachvertiefungen und den Bereichen Management von Stoffströmen und Ressourcen in privaten und öffentlichen Einrichtungen und (räumlicher) Planung. Diese Fachvertiefung wird ergänzt durch wirtschaftliche, rechtliche und politische Fachinhalte. Gerade diese Qualifikation wird nach entsprechenden Recherchen von der Berufspraxis (Wirtschaft und Verwaltung) besonders nachgefragt.

An der Hochschule Magdeburg-Stendal (FH) existiert der Masterstudiengang Ingenieurökologie seit dem Jahr 2000. Bis zum jetzigen Zeitpunkt beschränkte sich die Anzahl der Studenten in einem Semester auf sehr wenige Studenten, jedoch mit steigender Tendenz (siehe Abbildung 2). Besonders in den letzten 2 Jahren ist ein großes internationales Interesse an dem Studiengang aufgekommen, was an dem Anteil der ausländischen Studenten besonders in den Jahren 2003/2004 widerspiegelt. In diesem Studienjahr (2003/2004) betrug der Anteil der ausländischen Studenten allein ein Drittel. Die Vorraussetzung um an dem Masterkurs teilnehmen zu können, ist ein erfolgreich abgeschlossenes Hochschulstudium in dem Bereich der Naturwissenschaften oder der Technikwissenschaften. Die Regelstudienzeit beträgt inklusive der Anfertigung der Masterarbeit 3 Semester. Nach dem erfolgreichen Absolvieren des Studienganges erhält man den Abschluss/ Hochschulgrad Master of Sciences (M.Sc.).

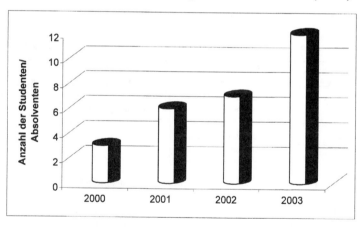

Abb. 2: Anzahl der Absolventen/Studenten des Masterstudienganges Ingenieurökologie an der Hochschule Magdeburg - Stendal (FH)

Ziele und Inhalte des Studiums[2]

Ziel des Studiums ist es sich mit komplexen Sachverhalten auseinander zusetzen, und diese mit den im Studium erworbenen naturwissenschaftlichen Erkenntnissen und den ingenieurtechnischen Handlungsmöglichkeiten zu lösen.
Schwerpunktmäßig werden diesbezüglich Konzepte und Verfahren zur:
- nachhaltigen Bewirtschaftung lebenswichtiger Umweltressourcen (Boden,
  Wasser, Luft, Vegetation und Fauna) zur Lösung von Umweltproblemen
  entwickelt, sowie
- Renaturierungen/ Sanierungen gestörter und zerstörter Ökosysteme in unserem Studiengang durchgeführt.
Der Studiengang Ingenieurökologie ist modular aufgebaut und besteht insgesamt
aus 7 Modulen mit einem Gesamtumfang von 56 Semesterwochenstunden und
der Anfertigung der Masterarbeit nach den ersten 2 Semestern. In den Bereichen
Naturwissenschaft und *Technik und Mathematik* werden fachliche Grundlagen
der Ingenieurökologie vermittelt. Diese Bereiche werden zum einen durch
rechtliche, politische und wirtschaftliche Fachinhalte (*Bereich Planung und
Recht*), sowie durch den Bereich *Management*, welcher der Umsetzung der
Grundlagen dient, ergänzt (Abbildung 3).

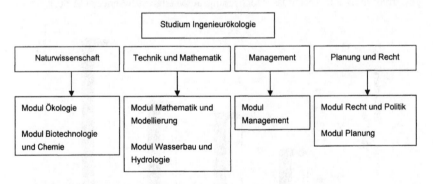

Abb. 3: Bereiche (Schwerpunkte) und Module des Studienganges Ingenieurökologie

Diese 7 Module sind in 15 Teilmodule unterteilt (siehe Abbildung 4), welche im
Folgenden näher erläutert werden. Im Laufe der Entwicklung des Studienganges
ist vorgesehen, Alternativen zu derzeit verbindlichen Modulen anzubieten
(Tauschmodule), um flexibel auf die Qualifikationen der Teilnehmer eingehen
zu können.

---

[2] Ausführungen aus: http:// www. wasserwirtschaft. hs-magdeburg. de/ studiengaenge/
studiengang_master/ st_ma_news/ st_ma_news_warum/ st_ma_news_warum. html (Stand:
09/04)

Module	Teilmodule
Ökologie	Ingenieurökologie Ökotechnologie
Mathematik und Modellierung	Mathematik Geograph. Informationssysteme Operationelle Wasserwirtschaft
Biotechnologie und Chemie	Spezielle aquatische Chemie Umweltbiotechnologie
Wasserbau und Hydrologie	Hydrologie Naturnaher Wasserbau
Management	Stoffstrom- und Ressourcenmanagement Umweltwirtschaft
Planung	Fachplanungen und –konzepte Wasserwirtschaft in Europa
Recht und Politik	Umweltrecht Umweltpolitik

Abb. 4: Teilmodule des Masterstudienganges Ingenieurökologie

Modul Ökologie

Das Modul Ökologie befasst sich mit gestörten und zerstörten Ökosystemen sowie Maßnahmen die zu einer Verbesserung des Zustandes dieser Ökosysteme führen können (z.b. Renaturierung von Fließgewässern/ Sanierung von Seen). Besondere Aufmerksamkeit wird den für unsere Breiten typischen Ökosystemen geschenkt. Prinzipien bzw., Ziele der Erhaltung, Nutzung, Sanierung und Neuschaffung von Ökosystemen werden theoretisch anhand von Projekten erläutert. Der besondere Schwerpunkt des Moduls liegt auf der Vermittlung von Methoden der komplexen biologischen, chemischen und hydromorphologischen Ökosystemanalyse als Grundlage für die Planung, wissenschaftliche Begleitung und Erfolgskontrolle von bzw. bei Vorhaben des Umwelt- und Naturschutzes.

Im Mittelpunkt des Teilmoduls *Ingenieurökologie* stehen die Typologie, Klassifizierung und die Bewertung von Fließgewässern mit den Schwerpunkten Hydroökomorphologie, Chemie, Makrozoobenthos, Vegetation und Mikrobiologie. Aufbauend auf diesen Betrachtungen werden Beispiele für die wissenschaftliche Vorbereitung, Begleitung und Erfolgskontrolle bei Renaturierungsmaßnahmen behandelt. Weitere Themen dieses Teilmoduls sind die Sanierung von Auenaltwässern, die Ökologie und Regenerierung von Mooren sowie der Gewässerschutz in der Landwirtschaft.

Im Teilmodul *Ökotechnologie* werden die limnologischen Grundlagen für die Wassergütebewirtschaftung behandelt. Die Ökotechnologie soll das Gewässer leistungsfähiger und das darin enthaltene Wasser entsprechenden Nutzungen besser anpassen.

Modul Mathematik und Modellierung

In diesem Modul werden dynamische/ zeitabhängige Prozesse, raumbezogene Objekte bzw. die räumliche Variabilität von Eigenschaften der Objekte der Umwelt analysiert, beschrieben und modelliert.

Die Vermittlung der Grundlagen zur Beschreibung zeitlich abhängiger Vorgänge mit Hilfe von Bilanzgleichungen und deren praktische Anwendung in Simulationsmodellen für Umweltprozesse stellen das Ausbildungsziel des Teilmoduls *Mathematische Methoden* dar. Basierend auf einem systemtheoretischen Zugang erfolgen die Schritte Modellerstellung und -analyse, wobei der Fokus auf einer konzentrierten (Zeit) und kontinuierlichen mathematischen Beschreibung der relevanten physikalisch-chemischen Grundprozesse liegt. Die Studierenden sollen in die Lage gebracht werden, einfache mathematische Modelle ökologischer und ökotechnologischer Prozesse selbstständig zu formulieren, zu analysieren und Schlussfolgerungen in bezug auf ökologische Problemstellungen zu ziehen.

Das Ausbildungsziel des Teilmoduls *Geographische Informationssysteme* besteht in der Vermittlung der Grundlagen raumbezogener Analyse- und Modellierungstechniken zur Bewertung umweltrelevanter Problemstellungen durch Einsatz von Geo-Informationssystemen. Hinsichtlich der Zweckmäßigkeit des Einsatzes Geographischer Informationssysteme wird den Studierenden erläutert, dass ein wesentliches Problem bei der Analyse und Bewertung natürlicher Systeme häufig nicht in einem grundsätzlichen Mangel an Daten und Informationen besteht, sondern zumeist an fehlenden oder unzureichenden Zugangsmöglichkeiten zu diesen Daten und folglich deren mangelnden Interpretationsmöglichkeiten begründet liegt. Entsprechend wird den Studierenden die methodische Herangehensweise bei Planung, Aufbau sowie Einsatz von Geo-Informationssystemen zur Analyse und Bewertung von Umweltsystemen mittels aus der Praxis abgeleiteter Beispiele dargestellt.

Das Teilmodul *Operrationalität in der Wasserwirtschaft* bildet in den Grundlagen aktiver Eingriffe in die Wassersysteme (Wasserhaushalt) aus. Es soll auf die weiterführende Materie in dem Bereich des Operations Research vorbereiten. In Praxisanforderungen sind die Analyse komplexer Systeme und die Aufstellung bzw. Bildung von Modellen zu Simulation das erklärte Ziel der Ausbildung. Gleichzeitig soll ein vertieftes Verständnis von wasserwirtschaftlichen Systemen erarbeitet werden. Die Studierenden sollen in die Lage versetzt werden, eine Systemanalyse vorzubereiten, die Schwerpunkte nach Ziel- und Zweckvorgaben herauszuarbeiten, die Systembeobachtung (Datenaufnahme, Messprogramme) zu planen und durchzuführen sowie ein Modell aufzustellen. Besonderer Schwerpunkt des Moduls liegt auf der Niederschlag- Abfluss- sowie Schmutzstoff-Transport- Modellierung als übergreifendem Thema.

Modul Chemie/ Biotechnologie

Dieses Modul vermittelt chemische und mikrobiologische Methoden der Unter-
suchung, Bewertung und Sanierung von Umweltmedien.
Das Teilmodul *Spezielle Aquatische Chemie (SAC)* liefert dabei die
Kenntnisse über relevante Stoffe und Stoffgruppen sowie über deren ökologische und toxikologische Bedeutung. Das Teilmodul *Umweltbiotechnologie
(UBT)* befasst sich v.a. mit dem Umgang mit diesen Substanzen. Biologische
Verfahren stehen dabei oft in Konkurrenz zu chemischen bzw. physikalischen
Verfahren. Ein Auswahlkriterium stellt die Wirtschaftlichkeit dar. Dabei führt
die Nutzung biologischer Systeme zur Senkung des Energiebedarfes des technischen Verfahrens und verbindet Umwelt- mit Ressourcenschutz. Produktions-
bzw. prozessintegrierte Biotechnik bietet Ansätze zur Vermeidung von Umweltproblemen anstelle von end of pipe - Technologien.

Modul Wasserbau/ Hydrologie

Dieses Modul vermittelt die naturwissenschaftlichen ingenieurtechnischen
Grundlagen des Studienganges. In dem Teilmodul *Hydrologie* werden hierbei
die wesentlichen hydrologischen Grundlagen vor dem Hintergrund der EG-
Wasserrahmrichtlinie, sowie Grundlagen der Grundwasserhydrologie vermittelt.
Weitere Schwerpunkte dieses Teilmoduls sind:
- wasserwirtschaftliche Speicherhydrologie sowie
- Niederschlags- Abfluss- Modellierung.
Im Teilmodul *Naturnaher Wasserbau* werden die wesentlichen wasserbaulichen
Grundlagen vor dem Hintergrund geänderter gesellschaftlicher Rahmenbedingungen vermittelt.
Der besondere Schwerpunkt des Teilmoduls liegt auf der Vermittlung von Methoden der:
- umfassenden Beurteilung von Nutzungsansprüchen und Nutzungskon-
  flikten bei wasserwirtschaftlichen Planungszielen
- Entwicklung ingenieurtechnischer Lösungsansätze zur nachhaltigen Umsetzung wasserwirtschaftlicher Planungsziele
- Gegenüberstellung verschiedener bautechnischer Varianten und der Entwicklung sowie planerischen Bearbeitung einer Vorzugsvariante, sowie
- dem Erlernen wasserbaulicher Methoden (z.B. ingenieurbiologischer Bau-
  weisen), die vor allem eine umweltverträgliche Nutzung der Gewässer
  ermöglichen.

Modul Recht und Politik

Dieses Modul liefert die rechtlichen, politischen und planerischen Grundlagen für die Umsetzung ingenieurökologischer Maßnahmen in der Praxis.

Ziel des Moduls *Recht und Politik* ist es, die grundlegenden Kenntnisse des internationalen, europäischen, nationalen, regionalen und örtlichen Umweltrechts und einer über den nationalen Bereich hinausgehenden, zumindest europäisch abgestimmten Umweltpolitik zu vermitteln.

Umweltpolitik umfasst dabei nicht nur die unmittelbar dem Umweltschutz zugewendete Politik, sondern auch die auf einen integrierten Umweltschutz gerichteten Einzelpolitiken, wie z.B. die Raumordnungs-, Forschungs-, Rechts-, Wirtschafts-, Finanz- und Bevölkerungspolitik.

Es soll Verständnis geweckt und vertieft werden über die Abhängigkeiten, Verknüpfungen und Ergänzungen von Umweltpolitik und Umweltrecht. Dies gilt insbesondere für die Frage, ob, auf welche Weise, in welchem Umfange und mit welchem Erfolg Ziele der Umweltpolitik verbindlich in Umweltrecht umgesetzt werden.

Ein wesentlicher Schwerpunkt dieses Moduls im Hinblick auf die Praxisorientierung ist das Einüben von Rechtsanwendungstechniken anhand konkreter Fälle aus der beruflichen Praxis im Zusammenhang mit Umweltproblemen aus der Sicht unterschiedlich Beteiligter und Betroffener.

Modul Planung

Das Modul Planung, bestehend aus den Teilmodulen *Fachpläne- und –konzepte* und *Wasserwirtschaft in Europa,* befasst sich mit dem Komplex der öffentlichen Planung, soweit mit Ihr das Verhältnis von Mensch und natürlicher Umwelt gestaltet wird.

Öffentliche Planung dieser Art wird in allen Staaten der Erde in unterschiedlicher Art und Weise betrieben und gehört zum Grundverständnis der Ingenieurökologie. Ziel dieses Moduls ist daher in einem internationalen Studiengang, den Studierenden ein Grundverständnis für öffentliche und raumbezogene Planung allgemein zu vermitteln, damit sie sich in unterschiedlichen Planungssystemen orientieren können. Dabei dient das deutsche Planungssystem lediglich der Anschauung für eine mögliche Variante öffentlicher raum- und ressourcenbezogener Planung.

Modul Management

Das Modul Management befasst sich mit der Übertragung ökologischer Prinzipien auf die Gesellschaft. Steuerung und Regelung spielen hierbei eine besondere Rolle und beschreiben die Organisation von gesellschaftlichen Prozessen im Zusammenwirken mit natürlichen Prozessen.

Das Teilmodul *Stoffstrom- und Ressourcenmanagement (SRM)* liefert die systemtheoretischen Grundlagen natürlicher und sozialer Systeme und daraus entwickelten Systemtechniken für das Management komplexer Systeme und Prozessketten, wie sie im Zusammenwirken von Mensch und Natur zur Anwendung kommen.

Dieses Zusammenwirken wird an theoretischen und praktischen Beispielen des Stoffstrom- und Ressourcenmanagements dargestellt und erprobt und stellt die Qualifikation dar, die in diesem Teilmodul erworben wird.

Das zweite Teilmodul *Umweltwirtschaft (UW*i) behandelt vertieft das gesellschaftlichen Teilsystem, in dem wesentlich das Zusammenwirken von Gesellschaft und Natur praktiziert wird, der Wirtschaft. Ziele dieses Teilmoduls sind es, die Prinzipien des Wirtschaftens in und mit der Natur, den natürlichen Ressourcen, allgemein und in ihren spezifischen Ausprägungen in der Volkswirtschaft und in der Betriebswirtschaft zu erkennen und für das Handeln in den verschiedenen Tätigkeitsfeldern von Ingenieuren (Betrieb, Verwaltung, Forschung etc.) verfügbar zu machen. In beiden Teilmodulen geht es vorrangig nicht um die Handhabung und Optimierung von Einzelprozessen, sondern von Systemen und Prozessketten.

Berufsfeld

Aufbauend auf die genannten theoretischen Grundlagen baut das Masterstudium Ingenieurökologie mit dem Abschluss Master of Science (M.Sc.) auf eine Berufstätigkeit in den folgenden Bereichen vor:
Umweltforschung und Entwicklung (national/ international)
  - Universitäten
  - Forschungseinrichtungen
Öffentlicher Dienst
  - Umweltbehörden (Bund/ Länder/ Gemeinden)
  - Fachbehörden (UBA, LAU etc.)
  - Verbände (z.B. Umweltschutzverbände)
Privatwirtschaft
  - Consultingfirmen
  - Privatwirtschaft
  -

Praxis im Studium

Ingenieurökologie besteht nicht nur aus theoretischen Grundlagen sondern erfordert auch viel praktische Arbeit. Die Wechselwirkungen in der Umwelt lassen sich am besten in der Realität beobachten, nicht in Büchern.
Der Studiengang vermittelt uns auf der einen Seite grundlegende Kenntnisse und Methoden der Ingenieurökologie und auf der anderen Seite Möglichkeiten diese anzuwenden.

Dabei eröffnet sich die Möglichkeit mit Fachleuten in Kontakt zu kommen und Projekte, die im Rahmen unseres Studiums durchgeführt wurden, gemeinsam mit Ihnen abzuwickeln.

Neben einem Projekt in welches wir als Masterstudenten involviert waren gibt es die Möglichkeit weitere praktische Erfahrungen im Praktikum (z.B. Biotechnologie im Labor) und während der Anfertigung unserer Masterarbeit zu sammeln.

Neben diesen Angeboten hatten wir die Möglichkeit an Veranstaltungen wie z.B. fachspezifischen Messen (Biotechnica, Aqua Alta) teilzunehmen.

Die Einrichtungen (Räumlichkeiten, Labore und Rechner) der Hochschule Magdeburg - Stendal (FH) und besonders die des Fachbereiches Wasserwirtschaft sind hervorragend und das Zahlenverhältnis zwischen Lehrenden und Studenten ist optimal. Das Studium ist aufgrund der überschaubaren Anzahl der Studenten sehr gut für ausländische Studenten geeignet, und in einer kleinen Gruppe von 12 Personen hat man die Möglichkeit sich aktiv am Unterrichtsgeschehen zu beteiligen. Der Studiengang wird zweisprachig durchgeführt, wobei die englische und die deutsche Sprache gleichberechtigt sind. Darüber hinaus gibt es einen Projektraum der von den Masterstudenten genutzt werden kann.

Projektmanagement

Ein derzeit aktuelles Thema unseres Studiums ist die Umsetzung der Wasserrahmrichtlinie und die Entwicklung von Verfahren die diesen Prozess unterstützen (z.B. Entwicklung von leitbildbezogenen Bewertungsverfahren zur Bewertung von Fließgewässern).

In jedem Jahr wird während der Projektbearbeitungsphase ein angewandtes Thema des naturnahen Wasserbaus zusammen mit dem Modul Ingenieurökologie von studentischen Arbeitsgruppen bearbeitet. Dieses Projekt ist Teil der Forschungen eines größeren Projektes vom In-Institut für Wasserwirtschaft und Ökotechnologie der Hochschule Magdeburg - Stendal (FH) integriert. In diesem Projekt wird die Verbesserung der ökologischen Situation eines ausgewählten Fließgewässerabschnittes thematisiert. Neben einem Besuch der zuständigen Behörde, die uns in das Untersuchungsgebiet eingeführt, und uns die aktuelle Situation und Problematik vorgestellt hat, wurden folgende Arbeiten von uns als Studenten durchgeführt:
- Feldarbeiten (Aufnahme des Gewässerabschnittes: Detailaufnahme der Wasserbauwerke, Gewässerstrukturgütekartierung, Vermessungsarbeiten, Abflussmessungen)
- Auswertung der Feldarbeiten, Erarbeitung eines Leitbildes und einer Defizitanalyse sowie grundsätzlicher Lösungsvarianten
- Vorstellung der Arbeitsergebnisse (Zwischenbericht) und Diskussion
- Erarbeitung einer konstruktiven Lösung (Phase II der HOAI-Vorplanung); Abgabe der ingenieurtechnischen Dokumentation

- Präsentation der Ergebnisse vor einem erweiterten Fachpublikum, Diskussion

In unserem Studienjahr 2003/04, haben wir als Projekt die Erfolgskontrolle der Renaturierungsmaßnahme an der Ihle durchgeführt (siehe Abbildung 5).

Die Ihle ist ein sandgeprägtes Flachlandgewässer von einem Einzugsgebiet von ca. 200 km², 32 km Länge und einer mittleren Durchflussmenge von 18,4 m³/h. Sie fließt südöstlich von Magdeburg und mündet bei Burg in den Elbe-Havel-Kanal. Die Renaturierungsmaßnahme resultiert aus einer Ausgleichs- und Ersatzmaßnahme des Ausbaus der dreispurigen Bundesautobahn 2 (BAB 2).

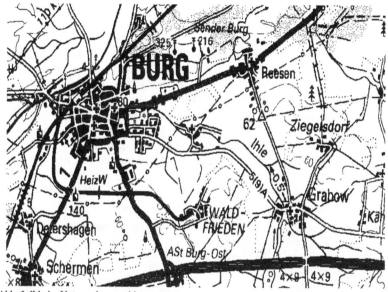

Abb. 5: Ihle im Untersuchungsgebiet

Der Hintergrund des Projektes ist die Umsetzung der Wasserrahmenrichtlinie (EG-WRRL), die u.a. das Ziel hat, einen guten ökologischen Zustand für Fliessgewässer bis 2015 zu erreichen. Da 80% der Fließgewässer in Deutschland stark strukturgeschädigt sind, müssen zur Zielerreichung der EG-WRRL, Maßnahmen wie Renaturierungen für die Erreichung dieses Zieles durchgeführt werden.

„Aktive Beteiligung an einer Renaturierungsmaßnahme":

Abb. 6: Referenzgewässer Kammerforthgraben (05/2004) (linkes Bild) und Ihle nach der 2. Renaturierungsmaßnahme (05/2004) (rechtes Bild)

Für die Durchführung der Erfolgskontrolle war es erforderlich anhand der in der Praxis gewonnenen Daten Vorschläge für die Verbesserung des ökologischen Zustandes der Ihle abzuleiten. Dazu wurden u.a. folgende Methoden für die Bewertung verschiedener Parameter verwendet:

Hydrobiologische Parameter:
- Sammlung von Makroinvertebraten (Abbildung 7) → Ermittlung verschiedener Indices zur Beschreibung der Wasserqualität
- Auswertung mittels der Software AQEM (Beschreibung der Qualitätszustände von Fließgewässern)
- Makrophytenkartierung → Bestimmung der Wasserqualität nach Makrophytenindex

Abb.7: Sammlung von Makroinvertebraten 05/2004 (linkes Bild) Eintagsfliege (Ephemeroptere) (rechtes Bild)

Morphologische Parameter:
- Gewässerstrukturgütekartierung (Verfahrensempfehlung nach LAWA)
- Sedimentanalyse

Hydrochemische Parameter:
- Ermittlung der chemischen Vor-Ort Parameter (pH-Wert, Leitfähigkeit, Temperatur, Sauerstoffgehalt) zur direkten Beschreibung der Wasserqualität

Zur Auswertung der Daten standen uns die Räumlichkeiten des Fachbereichs Wasserwirtschaft, wie Labore und Projektraum mit der entsprechenden Ausstattung zur Verfügung und konnten jederzeit von uns als Studenten in Anspruch genommen werden. Nach einer Bearbeitungszeit von 3 Monaten wurden unsere Ergebnisse unter Anwesenheit der Projektbeteiligten präsentiert und bewertet.

Abb. 8: Bestimmung von Makroinvertebraten

Durch diese Arbeit haben wir ein gutes Bild von Möglichkeiten der Umsetzung der uns in den Vorlesungen vermittelten Theorie in die Praxis erhalten, und außerdem ein Gefühl für die Zusammenarbeit in einem Projektteam bekommen.

Richard M. Gersberg, Ph.D;Professor, Graduate School of Public Health

Alternative Methods to Evaluate Pathogen Removal and Risk in Constructed Wetlands

Introduction

Constructed wetlands are shallow water bodies developed specifically for storm or wastewater treatment that create growing conditions suitable for wetland plants. In many cases, they are designed to provide water quality benefits by minimizing point source and nonpoint source pollution prior to its entry into streams, natural wetlands, and other receiving waters. There are two basic types of constructed wetlands:
- subsurface systems that have no visible standing water, and are designed so that the wastewater flows through a gravel substrate beneath the surface vegetation; and
- surface flow systems that have standing water at the surface (typically constructed using native soils) and are more suited to larger constructed wetland systems such as those designed for municipal wastewater treatment.

Constructed wetlands can be used to treat domestic sewage effluents as well as manage stormwater runoff peak discharges. When properly constructed and maintained, wetlands can provide very high removal rates of pollutants. Removal of pollutants is accomplished through adsorption, wetland plant uptake, retention, gravitational settling, physical filtration and microbial decomposition, thus improving effluent or runoff quality.

Pathogen Indicators in Wetlands

Attempts to characterize the risk to public health posed by exposure to pathogens when raw or partially-treated sewage is discharged to and then treated by wetlands, have usually relied on fecal indicator organisms that are associated with fecal contamination, but are more easily sampled and measured than are the actual pathogens themselves. Total and fecal coliform bacterial densities, as well as enterococci have long been used as the basis for setting microbiological quality standards for protecting public health in both the U.S. and in Europe. However, for nearly as long, there has been criticism of the use of these indicators. The drawbacks of using coliforms as an indicator in some aquatic systems may be illustrated by the following:

Solo-Gabriele et al. [2000] reported that riverbank soil was the principal source of E. coli between storm events in a river near Fort Lauderdale, Florida. High concentrations of E. coli in the stream were associated with storm run-off and high tides.

The particular pattern of E. coli concentrations between storm events was caused by the growth of E. coli within the riverbank soils themselves, which were subsequently washed in during high tide.

Laboratory analysis of soil collected from the riverbanks showed increases of several orders of magnitude in soil E. coli concentrations. The ability of E. coli to multiply in the soil was found to be a function of soil moisture content, presumably due to the ability of E. coli to outcompete predators in relatively dry soil. The extent to which this phenomenon can occur in constructed wetland environments is presently unknown.

Similarly, the drawbacks of using enterococci as an indicator is similarly illustrated by the following:

Grant et al. (2001) found that bird feces were a significant source of enterococci to the marsh environment of tidal saltwater marsh in southern California, and significantly impacted surfzone water quality at a recreational beach nearby. This finding calls into question the use of ocean bathing standards based on enterococci at least near coastal wetlands. Indeed, if there are no human health risks associated with enterococci from such wetland effluents, then marine water quality standards may need to be modified to account for the existence of both benign (presumably from animals such as birds) and nonbenign sources of the enterococci bacteria.

Thus, there are two main problems associated with the use of coliforms as well as enterococci as indicators of water quality in wetlands. Foremost, does the presence of these indicators in moderate to high densities in water samples accurately reflect a human health risk, or does regrowth in the wetlands complicate the picture? Secondly, what is the source and degree of human health risk, which may vary depending on whether animal fecal contamination is playing a major role in such exceedences?

Alternative Indicators for Wetland Systems

Bacterteriophages

Coliphages exist in large numbers in domestic wastewaters and thus are a likely candidate to monitor as a surrogate for virus removal in membrane water recycling systems. The male-specific, F-RNA phages have been the focus of much attention as indicator organisms for fecally-contaminated waters due to the fact that they are structurally similar to many human RNA viruses found in wastewater. In particular, they resemble poliovirus, Norwalk virus, Hepatitis A and Hepatitis E. Additionally these coliphages do not replicate in the environment at temperatures below 30°C, are relatively resistant to standard disinfection techniques, are persistent in the environment and enumeration methods are simple.

Direct Detection and Quantitation of Human Viruses

Monitoring for human viruses in water has been ongoing since the 1950's. Early studies used cell culture methods to determine the occurrence and level of the viruses in water.

In this case, the presence of infectious viruses leads to lysis (and plaque formation) on a monolayer of cultured mammalian (or human) cells. The drawback of this method is that it requires weeks of incubation to get results, and in some cases, certain viruses cannot be cultured in cell lines. For example, Norwalk or Norwalk-like viruses, cannot be cultivated in cell lines (Fankhauser et al., 1998).

Increasingly, molecular-based assays for pathogen organisms are being adapted and used in the fields of environmental and ecological studies where the need for rapid detection of disease causing agents in recreational waters is crucial. The development of the polymerase chain reaction (PCR) has enabled scientists to exploit a natural molecular process, DNA replication, in a controlled manner to detect mere molecules of interest in a matter of hours. Not only can very low levels of pathogens be detected using PCR, but specific pathogenic organisms can be targeted for monitoring or study.

A typical PCR reaction (20 cycles) can result in a 10^6 amplification of a target nucleic acid sequence. The requirements for a PCR reaction are DNA (also called target, or template DNA), PCR primers, dNTP's, $MgCl_2$, thermostable taq polymerase, and buffer. PCR primers are short (18-25 basepairs) DNA sequences that are complementary to the DNA sequence of interest, and flank the region that is to be amplified. The PCR reaction consists of a series of heating and cooling cycles (usually 30-35) in a thermocycler to generate a log scale increase in target molecules after each amplification cycle. The resultant DNA product is of a known length, usually between 100 and 500 base-pairs, and can be subsequently stained and visualized along with appropriate size markers on an agarose or polyacrylamide gel.

For the detection of pathogenic viruses containing RNA, RT(reverse transcription) PCR is used to generate DNA from a RNA template. This reaction precedes the normal PCR assay, and involves a short incubation with the enzyme reverse transcriptase. Nearly all of the medically important viruses found in environmental water contain RNA; the exception being Adenovirus, which contains DNA and can be detected using conventional PCR. An appropriate simile for the RT-PCR method is an office copying machine . A single copy of a specific gene can be amplified (copied) to millions of copies in under 2 hours. A well-designed RT-PCR assay allows specific (it will detect only the organism of interest) and sensitive (it can detect very low copy numbers) detection of the target organism or virus.

Real Time PCR

Real-time PCR records each cycle of amplification to capture the logarithmic phase of the reaction, before a limiting reagent causes the reaction to plateau.

By measuring the fluorescence of a binding dye, the amount of initial template cDNA can be calculated with respect to a standard curve. The advantages of real-time PCR are greater sensitivity than conventional PCR, with the ability to quantify results, rather than the positive/negative results obtained with conventional PCR. In addition, real-time PCR is rapid, reproducible, and amenable to high throughput utility.

More recently, real-time RT-PCR has been used for the amplification of viral pathogens. The advantages to real-time RT-PCR include greater sensitivity than conventional RT-PCR, less labor intensive allowing for higher throughput, as well as extremely accurate and reproducible quantification (Heid et al., 1996). Real-time RT-PCR (using TaqMan chemistry) has been used to quantify HAV serum levels during different phases of disease, with a sensitivity of five copies (Costa-Mattioli et al., 2001). Real-time RT-PCR (also using TaqMan) was used for the quantification of enteroviruses (Coxsackievirus A9, Coxsackievirus A16, and Poliovirus Sabin type 1) in seawater from the Florida Keys. Nine out of fifteen samples tested positive, and a viral concentration of 9.3 viruses/ml was determined. This viral concentration did not take into account the percent recovery of virus from the vortex flow filtration process (Donaldson, Griffin & Paul, 2002)

Pathogen Removal by Wetland Systems

Removal of Bacterial Indicators

Pathogens show good removal rates in both natural and constructed wetlands through sedimentation and filtration, predation, natural die-off, and UV degradation. Actual pollutant removal rates depend on the aquatic treatment volume, the surface area to volume ratio, the ratio of wetland surface area to watershed area, and plant types. Additionally, longer hydraulic flow paths through the wetland and longer detention times within the wetland are expected to improve pollutant removal rates.

At Santee, California, Gersberg et al. (1987a) studied the efficiency of subsurface flow constructed wetlands to remove coliform bacteria. Influent flow was from primary municipal wastewater. At a hydraulic application rate of 5 cm per day (a hydraulic residence time of 5.5 days), the mean influent fecal coliform level was reduced by about 99% in the vegetated wetland beds. In a study of free water surface wetlands in Listowel Ontario, Canada, fecal coliform removal was approximately 90 percent when operated at a 6-7 day residence time (Palmateer et al., 1985).

Similarly, Gearheart et al. (1981) found total coliform removal efficiencies of 93-99 percent during winter, and 66-98 percent during summer at free water surface wetlands in Arcata, California, operated at a 7.5 day retention time. The survival of coliform bacteria in wetlands may be affected by many factors including sedimentation, filtration, adsorption, predation, and ultraviolet radiation inactivation. It has been shown that root exudations from certain aquatic plants can kill fecal indicators (Seidel, 1976). Indeed, Gersberg et al. (1987b) found that total coliform removal by a vegetated (bulrush) bed was significantly (p<0.01) higher than by an unvegetated bed (Figure 1).

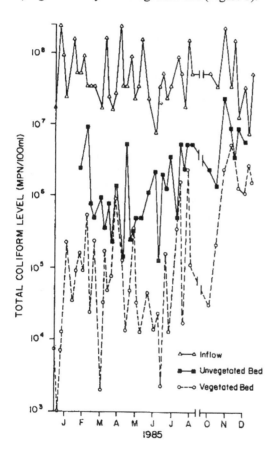

Figure 1: Concentration of total coliform bacteria in the applied primary municipal wastewater and in the effluent of a vegetated (bulrush) bed and an unvegetated bed. Hydraulic application rate was 5 cm d⁻¹ for both beds.

Jillson et al. (2001) reported the performance of two horizontal subsurface flow constructed wetland systems in the removal of pathogen and pathogen indicators under variable loading and operating conditions. The two constructed wetland systems evaluated were located near Lincoln, Nebraska: Firethorn, located in a small housing community and Rogers Farm at a rural single-family dwelling. Firethorn demonstrated effective removal of fecal coliforms with 96.3% removal in the wetland cell and 98% by the wetland system, which included a sand filter. Rogers Farm had an average fecal coliform removal of 99.3%. Although *Salmonella* spp. was not detected at Firethorn, reduction of other bacteria was observed through the wetland system. In general, fecal coliform removal was excellent through the wetland system and no distinct difference in removal efficiency was observed with changes in season and temperature at either facility.

Karathanasis (2001) investigated the removal efficiency of fecal bacteria, biological oxygen demand (BOD), and total suspended solids (TSS) in 12 constructed wetlands treating secondary effluent from single household domestic wastewater in Kentucky. The wetlands were monoculture systems planted to cattails (Typha latifolia L.) or fescue (Festuca arundinacea Schreb.), polyculture systems planted with a variety of flowering plants, and unplanted systems. Influent and effluent samples were taken on a monthly basis over a period of 1 year and analyzed for fecal coliforms (FC), fecal streptococci (FS), BOD and TSS. Surprisingly, the findings suggested no significant differences ($P<0.05$) in the average yearly removal of fecal bacteria (>93%) between systems, with the vegetated systems performing best during warmer months and the unplanted systems performing best during the winter.

Removal of Viruses

Additionally, attention has also been focused on the capability of wetland ecosystems to remove viral pathogens. There is however, only a limited amount of information available on the survival of disease causing viruses in wetlands. Wellings et al. (1975) showed that human viruses in groundwaters of a cypress swamp receiving secondary effluent were typically reduced to nondetectable levels. However, on several occasions breakthrough occurred, and viruses were detected in water samples from monitoring wells within the experimental swamp.

Gersberg et al. (1987b) enriched primary wastewater in the inflow to constructed wetland beds with a high titer of (10^5 to 10^7 PFU ml-1) of MS2 virus (an FRNA bacteriophage). These authors found nearly 3- log removal (99.9%) in each of three test wetland beds (Table 1). Additionally, Gersberg et al. (1987b) found that bacteriophage removal by a vegetated (bulrush) bed was significantly ($p<0.01$) higher than by an unvegetated bed.

The aquatic plants probably serve to stimulate virus removal through adsorption to the root complex, and/or due to rhizosphere interactions that are antagonistic to virus survival.

At hydraulic application rates of 5-6 cm per day, both bacteriophages and seeded human viruses (poliovirus vaccine strain) were reduced by about 99% by wetland treatment.

In a study of virus survival in experimental cypress wetland corridors, decay rates of 0.045 to 0.075 h^{-1} were measured for indigenous coliphage (Sheuerman et al., 1989). These decay rates were only slightly higher than values of 0.035 h^{-1} measured by Gersberg et al. (1987b) for indigenous FRNA bacteriophages in subsurface flow constructed wetlands in Santee, CA.

WETLAND TYPE	SAMPLE DAY	INFLOW VIRUS LEVEL (PFU ml^{-1})	WETLAND EFFLUENT VIRUS LEVEL (PFU ml^{-1})
Bulrush Bed 1W	2	3.15 x 10^6	66
	3	6.00 x 10^6	780
	4	19.00 x 10^6	8,850
	5	24.50 x 10^6	27,400
	6	23.00 x 10^6	21,200
	11	12.50 x 10^6	2,300
	12	1.05 x 10^6	1,550
	13	1.95 x 10^6	3,800
	14	1.19 x 10^6	8,750
	16	1.85 x 10^6	11,400
	17		6,550
	18		3,600
Bulrush Bed 2Wa	10	4.65 x 10^5	99
	11	6.90 x 10^5	106
	13	1.06 x 10^6	730
	15	4.80 x 10^5	876
	16	3.13 x 10^5	710
	21	7.30 x 10^5	157
	23	4.83 x 10^5	5,066
	25	2.33 x 10^5	1,650
	29	7.80 x 10^4	182
	32	7.50 x 10^5	2,250
Bulrush Bed 2Wb	2	1.00 x 10^5	775
	4	2.60 x 10^5	1,460
	8	1.58 x 10^6	65
	10	5.15 x 10^6	97
	13	8.25 x 10^6	315
	15	5.60 x 10^6	41
	26	7.00 x 10^6	9,950
	38	12.60 x 10^6	410

Table 1*: Seeded MS 2 bacteriophage concentrations in applied wastewater ** and wetland effluent at Santee, CA. (*Adapted from Gersberg et al. 1987b; **Hydraulic applications rate was 5cm per day)

Conclusions

From a public health and environmental health viewpoint, constructed wetlands have the capacity to significantly remove indicator organisms and pathogens, which is roughly equal to conventional treatment processes and when coupled with disinfection can yield a discharge which is reasonably free from risks to public health. It is also acknowledged that wetlands contain numerous animals that can contribute to elevated indicator levels. These naturally occurring indicators must be recognized by the regulatory and permitting process until such time that the specific pathogens in these wetlands can be measured. In this regard, the development of real-time PCR methodology offers the ability for the sensitive detection and quantitation of the specific viral and bacterial pathogens in constructed wetland effluents.

References

Costa-Mattioli M., Monpoeho S., Nicand E., Aleman M. H., Billaudel S. and V. Ferre. 2001. Quantification and duration of viraemia during hepatitis A infection as determined by real-time RT-PCR. *Journal of Viral Hepatitis 9*, 101-106.
Donaldson K. A., Griffin D. W. and J.H. Paul. 2002. Detection, quantitation and identification of enteroviruses from surface waters and sponge tissue from the Florida Keys using real-time RT-PCR. *Water Research 36*, 2505-2514.
Fankhauser R.L., Noel J.S., Monroe S.S., Ando T. and R.I. Glass. 1998. Molecular epidemiology of "Norwalk-like viruses" in outbreaks of gastroenteritis in the United States. *J. Infect. Dis.* 178, 1571-1578.
Gearheart, R.A., Wilber, S., Williams, J., Hull, D., Hoelper, N., Wells, K., Sandberg, S., Salinger, D., Hendrix, D., Holm, C., Dillon, L, Morita, J., Grieshaber, P., Lerner, N. and B. Finney. 1981. City of Arcata, Marsh Pilot Project, Second Annual Progress Report. Project No. C-06-2270. State Water Resources Control Board, Sacramento, CA
Gersberg, R.M., Brenner, R., Lyon, S.R. and B.V. Elkins. 1987a Survival of bacteria and viruses in municipal wastewaters applied to artificial wetlands. In *Aquatic Plants For Water Treatment and Resource Recovery*. (K.R. Reddy and W.H. Smith, Eds.), pp.237-245. Magnolia Publishing, Orlando, Florida.
Gersberg, R.M., Lyon, S.R., Brenner, R., and B.V. Elkins. 1987b. Fate of viruses in artificial wetlands. *Appl. Environ. Microbiol.* 83, 731-736.
Grant S.B, Sanders B.F., Redman J.A., Kim J.H, Morse R., .McGee C., Gardiner N., Jones B.H., Svejkovsky J., Leipzig V. and A. Brown. 2001. Generation of enterococci bacteria in a coastal saltwater marsh and its impact on surf zone water quality. *Environ. Sci. Tech.* 35, 2407-2416.
Heid C. A., Stevens J., Livak K. J. and P.M. Williams. 1996. Real time quantitative PCR. *Genome Research 6*, 986-994.
Jillson, S.J., Dahab, M.F., Woldt, W.E. and R.Y. Surampalli. 2001. Pathogen and pathogen indicator removal characteristics in treatment wetlands systems. *Pract. Periodical of Haz., Toxic, and Radioactive Waste Mgmt.* 5(3), 153-160.

Karathanasis, A.D., Potter C.L. and M.S. Coyne. 2003. Vegetation effects on fecal bacteria, BOD, and suspended solid removal in constructed wetlands treating domestic wastewater. *Ecol. Eng.* 20(2), 157-169.

Palmateer G.A., Kutas W.L., Walsh M.J. and J.E. Koellner. 1985. Abstracts of the 85th Annual Meeting of the American Society for Microbiology. Las Vegas, NV.

Seidel, K. 1976. Macrophytes and water purification. pp. 109-120. in J. Tourbier and R.W. Pierson, Jr. (Eds.), *Biological Control of Water Pollution.* University of Pennsylvania Press, Philadelphia, PA.

Scheuerman, P.R., Bitton, G. and S.R. Farrah. 1989. Fate of microbial indicators and viruses in a forested wetland. Chapter 391, pp. 657-663. in D.A. Hammer (Ed.), *Constructed Wetlands for Wastewater Treatment: Municipal, Industrial, and Agricultural.* Chelsea, MI: Lewis Publishers.

Solo-Gabriele H.M., Wolfert M.A., Desmarais T.R. and C.J. Palmer. 2000. Sources of Escherichia coli in a coastal subtropical environment. *Appl. Environ. Microbiol.* 66, 230-237.

Wellings, F.M, Lewis, A.L., Mountain, W.W. and L.V. Pierce. 1975. Demonstration of virus in groundwater after effluent discharge onto soil. *Appl Microbiol.* 29, 751-757.

Dipl.-Ing. Anton Lenz

Feuchtgebietstechnik - Grundsätze und Einsatzmöglichkeiten

Einleitung

Feuchtflächen stellen Übergangszonen zwischen Land und Wasser dar und werden von diesen beiden Systemen bestimmt. Sie weisen darüber hinaus spezielle Besonderheiten des Stoffhaushaltes auf. Darauf und auf die Rolle und Bedeutung der Feuchtgebiete im Naturhaushalt – insbesondere bezüglich des Einsatzes von Feuchtflächen im Rahmen des Gewässerschutzes – soll im Folgenden eingegangen werden. (Die wichtige Funktion als Lebensraum für zahlreiche Pflanzen- und Tierarten soll der Vollständigkeit halber hier noch erwähnt werden).

Die spezielle Rolle der Feuchtflächen im Stoffhaushalt der Landschaft

Feuchtflächen liegen in den Übergangsbereichen zwischen terrestrischen und aquatischen Systemen. Abbildung 1 soll die Stoffflüsse zwischen Land, Feuchtfläche und Wasser veranschaulichen.

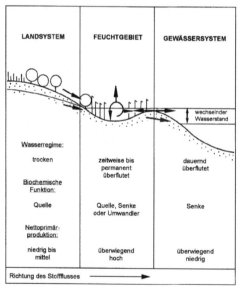

Abbildung 1: Stofffluss zwischen Land, Feuchtfläche und Wasser

Landsysteme üben durch die von ihnen ausgehenden Stoffflüsse einen starken Einfluss auf Feuchtflächen aus, während umgekehrt kaum ein Einfluss besteht. Zufließende Sedimente (in Auen, Flussdeltas) werden abgelagert, eingetragene Stoffen verzögert wieder an die Gewässer abgegeben. Die Besonderheit von Feuchtflächen liegt aber darin, dass diese eingetragenen Stoffe nicht unverändert in angrenzende Gewässer gelangen, sondern dass diese im Rahmen feuchtgebietsspezifischer Prozesse verändert werden. In den im Regelfall hochproduktiven Feuchtsystemen werden die zugeführten Nährstoffe bei einem hohen Wirkungsgrad in organische Substanzen umgewandelt und in dieser Form an die Gewässer abgegeben. Stickstoff entweicht als N_2-Gas in die Atmosphäre oder wird in organischer Form im Feuchtgebiet auf Dauer eingelagert (Moorbildung). Auf die Problematik entwässerter Moorflächen, die durch die Freisetzung der festgelegten Stickstoff- und Phosphormengen eine erhebliche Umweltbelastung darstellen, kann hier nicht weiter eingegangen werden (vgl. KUNTZE 1973, LENZ & WILD 2000).

Der Stofffluss verläuft bei Feuchtgebieten nicht – wie beim Landsystem – in eine Richtung. Stoffe gelangen (z. B. bei Überschwemmungen) aus den Gewässern auch wieder in die Feuchtflächen zurück.

Fasst man die Bedeutung von Feuchtflächen im Rahmen des natürlichen Stoffhaushaltes zusammen, so besteht deren Funktion in der Pufferung, Umwandlung und Deponierung von Stoffen, die vorrangig aus angrenzenden terrestrischen Standorten stammen. Feuchtstandorte gehören zu den wenigen Landschaftsbereichen, in denen – meist infolge von Sauerstoffmangel und Wasserüberschuss – Stoffeinträge in die Gewässer vermindert werden.

Die Problematik der Abnahme der Feuchtgebietsfläche

Feuchtflächen wurden in der Vergangenheit in großem Stil trocken gelegt zur intensiven landwirtschaftlichen Nutzung, als Standorte für Siedlungen und Gewer-be-/Industrieanlagen.

RINGLER (1987) schätzt, dass bis 1955 in der BRD ca. 4,4 Millionen Hektar Feuchtflächen verloren gingen, bis 1972 nochmals zusätzlich 2,4 Mio. Hektar. Darin enthalten sind ca. 0,5 Mio. ha kultivierter Niedermoorfläche.

Für alle Gebiete West- und Mitteleuropas sind ähnlich dramatische Rückgänge der Feuchtflächen zu verzeichnen.

Die Bedeutung der diffusen (flächigen) Gewässerbelastungen

Parallel zum Verlust der Feuchtflächen hat die Belastung der Gewässer durch punktuelle Einleitungen von Abwässern aus Industrie und Siedlungen sowie durch diffuse (flächige) Einträge aus der Landwirtschaft erheblich zugenommen.

Konkret handelt es sich bei Letzteren um direkte Einträge von organischem und mineralischem Dünger, Einträge von Boden aus Ackerlagen einschließlich der darin enthaltenen Belastungen sowie um Einträge über Dränwasser bzw. belastetes Grundwasser.

Durch den Bau von Kläranlagen konnte das Ausmaß der – insbesondere aus punktuellen Quellen stammenden – in die Gewässer eingetragenen, organischen Frachten und Nährstoffe erheblich reduziert werden. In Zukunft ist insbesondere zur Entlastung der Meere eine weitere erhebliche Nährstoffreduktion (vor allem bei Stickstoff und Phosphor) notwendig.

Das Verhältnis der diffusen zu den punktuellen Einträgen stellt sich nach BÖHM ET AL. (2000) für die Jahre 1993 – 97 wie folgt dar:

Für das deutsche Donaueinzugsgebiet:

		N	P
punktuelle Einträge:	industriell	0,8 %	1,8 %
	kommunal	18,6 %	26,6 %
diffuse Einträge:		80,5 %	71,6 %

Für das gesamte deutsche Einzugsgebiet:

		N	P
punktuelle Einträge:	industriell	3,3 %	1,8 %
	kommunal	25,0 %	31,0 %
diffuse Einträge:		71,7 %	67,2 %

Tabelle 1: Anteile von punktuellen und diffusen Einträgen an den jährlichen Stoffeinträgen in die Gewässer in Prozent für den Zeitraum 1993 – 1997 (Quelle: Böhm et. al. 2000).

Tabelle 1 zeigt, dass das Augenmerk verstärkt auf eine Verringerung der diffusen (flächigen) Einträge in die Gewässer gerichtet werden muss. Der Hauptteil der diffusen Einträge stammt aus der Landwirtschaft.

Der Einsatz von Feuchtflächen zur Reduktion von Gewässerbelastungen

Wichtigstes Ziel der Gewässerreinhaltung muss sein, die Belastungen soweit möglich an deren Quellen zu erfassen und dort zu unterbinden. Dazu dienen im Bereich der punktuellen Quellen eine verbesserte Abwasserreinigung, die Verringerung von Austrägen aus undichten Kanalnetzen sowie eine Sanierung von Regenüberläufen. Grundvoraussetzungen für eine wirksame und ökonomisch sinnvolle Sanierung eines Gewässereinzugsgebietes sind die Erstellung einer Frachtenbilanz mit Darstellung der Herkunftsquellen sowie die Festlegung des zu erreichenden Sanierungszieles.

58   Dipl.-Ing. Anton Lenz

Zur Reduktion der diffusen Einträge muss zunächst vorrangig die Düngung auf
das für die jeweilige Kultur notwendige Maß reduziert und die Bodenerosion
verringert werden. Klar ist, dass infolge der intensiven landwirtschaftlichen
Nutzung und der zunehmenden Besiedlungsdichte eine nicht unerhebliche Restbelastung bleibt, insbesondere da – im Gegensatz zu früher – Feuchtflächen als
Puffer- und Rückhaltebereiche fehlen.

Neu geschaffene bzw. reaktivierte Feuchtflächen lassen sich als Puffer einsetzen
und zur Reinigung von oberflächig zufließenden Stoffen (wie von Abwasser,
Dünger- oder Bodenmaterial) sowie von mit Nährstoffen belastetem Drän-,
Grundwasser und Zwischenabfluss (interflow).

Grundsätzlich unterscheidet man zwischen Feuchtflächen mit freier
Wasserfläche bzw. oberflächigem Wasserfluss und Flächen ohne freie Wasserfläche (Bodenpassage). In der Natur sind beide Durchflusstypen meist räumlich
eng miteinander verzahnt. Ist in Feuchtgebieten an der Oberfläche kein Wasser
sichtbar, dominiert die Funktion als Bodenfilter (Vertikal- oder Horizontalfilter,
vgl. Vortrag „Bewachsene Bodenfilter"). Bei weitgehend permanentem Wasser-
überstau stehen die Reinigungsprozesse, die in der Streu- bzw. Aufwuchsschicht
der Vegetation ablaufen (Tropfkörpereffekt), im Vordergrund. Speziell auf letzteren Feuchtflächentyp und seine Einsatzmöglichkeiten soll im Folgenden eingegangen werden.

Bei den Vorgängen, die in überstauten Flächen in der Streu- bzw. Aufwuchsschicht ablaufen, spielen Sedimentation, Tropfkörperwirkung und Nähr-
stoffaufnahme durch die Pflanzen die entscheidende Rolle. Bei der Sedimentation kommt es – infolge der Rauhigkeit der Vegetation – zu einer Ablagerung
von Stoffen. Die Vegetation wirkt als Filter, hält das Sediment mit ihren ober-
irdischen Teilen fest, durchwurzelt es und verhindert so seinen Austrag. Permanent oder zeitweise flach überstaute Feuchtflächen (z. B. Flussauen) stellen
darüber hinaus auch wichtige Bereiche für die Wasserretention dar, die mit einer
Überflutung der Gebiete und einer Verlangsamung des Wasserabflusses verbunden ist. Gleichzeitig werden natürlich von den Pflanzen – je nach Pflanzen-
gesellschaft in unterschiedlichem Ausmaß – Nährstoffe aus dem durch-
fließenden Wasser entnommen und in Form von Biomasse festgelegt. Dort, wo
die dauerhafte Festlegung eines Teils der Nährstoffe stattfindet, kommt es zur
Moorbildung. Die Pflanzenstreu (abgestorbenes Holz, abgefallenes Laub, ver-
rottende Pflanzenteile) dient auch als Aufwuchsfläche für Bakterien, die von den
im Wasser enthaltenen, organischen Stoffen leben (Tropfkörpereffekt). Die Ab-
bauleistung der Bakterien steigt dabei mit zunehmender Oberfläche der
Pflanzenmasse. Tote Mikroorganismen sinken zu Boden und werden mit den
abgestorbenen Pflanzenteilen von Organismen zu einem stabilen Schlamm um-
gebaut, dessen C/N-Verhältnis dem von Niedermooren entspricht.
Die Sumpfpflanzen durchwurzeln den Schlamm und halten ihn so auf Dauer
fest.

Hier laufen dieselben Prozesse ab, die auch in technischen Tropfkörperanlagen genutzt werden. Allerdings ist es beim Streutropfkörper nicht – wie bei den technischen Anlagen – notwendig, den anfallenden Schlamm zu entfernen. Dieser verbleibt in der Fläche. (Siehe dazu Abbildung 2: Prinzip eines Streutropfkörpers.)

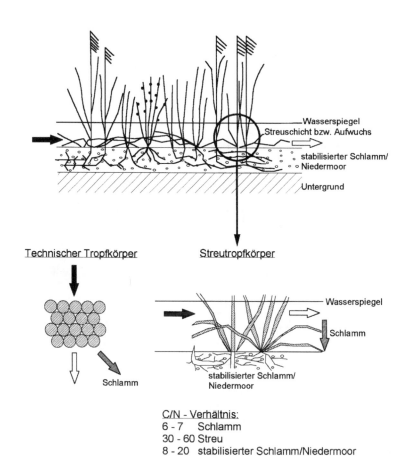

Abbildung 2: Prinzip eines Streutropfkörpers

Möglichkeiten der praktischen Anwendung des Prinzips des Streutropfkörpers (bei überstauten Feuchtflächen)

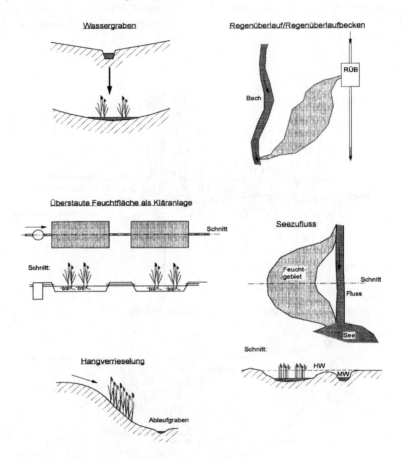

Abbildung 3: Anwendungsmöglichkeiten von Streutropfkörpern

Wassergraben:

In der Praxis lässt sich zum Beispiel bei kleinen belasteten Gräben durch deren Aufweitung und die sich dort ansiedelnde Vegetation die Selbstreinigungskraft des Kleingewässers erheblich steigern (GRADL 1981).

Regenüberlauf/Regenüberlaufbecken:

Flache, mit Röhricht bewachsene Mulden dienen der Reinigung von Wasser aus Regenüberläufen überlasteter Kanalnetze oder von Abläufen aus Regenüberlaufbecken.

Überstaute Feuchtfläche als Kläranlage:

Feuchtflächen können zur Nachreinigung des Kläranlagenablaufs oder als biologische Kläranlagenstufe eingesetzt werden. Dafür existieren bereits Bemessungsregeln (IWA 2000, KADLEC. R. & KNIGHT, R. 1996).

Seezufluss:

Die Belastung von Seen lässt sich dadurch reduzieren, dass als Ersatz für ein durch wasserbauliche Maßnahmen zerstörtes Mündungsdelta eines Flusses eine Fläche mit flach eingestauten Röhrichten vor der Mündung des Flusses in den See geschaffen wird. Hier können Belastungen im See- und Flusswasser abgebaut werden. Ein Beispiel dafür ist die Gestaltung des Hauptzuflusses zum Plattensee in Ungarn.

Hangverrieselung:

Diese Technik eignet sich besonders zur Nachreinigung von Kläranlagenabläufen, um bei höheren Anforderungen an die Ablaufqualität die Ablaufwerte noch erheblich zu senken (HOPPE 2000).

Internationale Bedeutung

Die enormen Potentiale überstauter Feuchtflächen sollen großflächig zur Sanierung des Golfes von Mexiko genutzt werden. Als Beitrag zur Stickstoffreduktion im Einzugsbereich des Mississippi hat die US-Regierung ein Programm zur Wiederherstellung bzw. Neuschaffung von mehr als 2 Mio. Hektar Feuchtflächen beschlossen. Mit der Umsetzung wurde bereits begonnen (DOERING ET AL. 1999).

Nicht zuletzt sollten auch die Probleme der EU-Agrarpolitik mit den landwirtschaftlichen Überschüssen dazu motivieren, Feuchtflächen wieder herzustellen bzw. für andere Zwecke als für die Nahrungsmittelproduktion zu nutzen. Es geht darum, im Rohstoff- und Energiebereich neue Nutzungsformen zu entwickeln. Auch innerhalb der EU muss die Nährstoffbelastung der Gewässer – auch zum Schutz der Meere – reduziert werden.

Dabei können gleichzeitig die zur Vermeidung künftiger Hochwasserschäden so wichtigen Rückhalteräume geschaffen werden.

Literatur

Böhm, E., Hillenbrand, Th., Marscheider-Weidemann, F. & Schempp, Ch. (2000): Emissionsinventar Wasser für die Bundesrepublik Deutschland. Umweltforschungsplan des Bundesministeriums für Umwelt, Naturschutz und Reaktorsicherheit – Wasserwirtschaft, Umweltbundesamt Texte 53/00.

Doering, O. C., Diaz-Hermelo, F., Howard, C., Heimlich, R., Hitzhusen F. et.al. (1999): Evaluation of the Economic Costs and Benefits of Methods for Reducing Nutrient Loads to the Gulf of Mexico. NOAA Coastal Ocean Program, Decision Analysis Series No. 20, Silver Spring.

Gradl, T. (1981): Voruntersuchungen zur Anlage von Selbstreinigungsstrecken in sehr kleinen Vorflutern. In: Korrespondenz Abwasser, H. 7, S. 498 – 499.

Hoppe, C. (2000): Naturnahe Verfahren der Abwasserreinigung am Beispiel der Gemeinde Hohenau (Bayerischer Wald). Diplomarbeit am Lehrstuhl für Vegetationsökologie der TU München.

IWA (Hrsg.) (2000):
Constructed Wetlands for Pollution Control. London.

Kadlec, R. H. & Knight, R. L. (1996):
Treatment Wetlands. Boca Raton.

Kuntze, H. (1973): Moore im Stoffhaushalt der Natur – Konsequenzen ihrer Nutzung. In: Landschaft + Stadt, H. 2, S. 88 – 96.

Lenz, A. (1990): Verfahren der Feuchtgebietstechnik. In: Garten + Landschaft, H. 9, S. 39 – 42.

Lenz, A. & Wild, U. (2000): Grenzen der Nährstoffrückhaltefunktion bei der Vernässung von Grundwassermooren. In: Wasser + Boden, H. 11, S. 4 – 8.

Mitsch, W. J. (Hrsg.) (1994):
Global Wetlands Old World and New. Amsterdam.

Mitsch, W. J. & Gosselink, J. G. (1993):
Wetlands. Second Edition, New York.

Ringler, A. (1987): Gefährdete Landschaft. München.

Dipl.-Ing. Heribert Rustige

Perspektive und Stand von Bewachsenen Bodenfiltern bei der Abwasserbehandlung in Deutschland

Es darf angenommen werden, dass in Deutschland zur Zeit mindestens 20.000 Pflanzenkläranlagen auf Grundstücken das häusliche Schmutzwasser behandeln. Diese Zahlen ergeben sich bei Hochrechnung einer Länderumfrage anlässlich der anstehenden Novellierung des ATV Arbeitsblattes A 262 (Rustige, 2003). Das sind beeindruckende Zahlen, wenn man berücksichtigt, welche Widerstände diesem Verfahren von Beginn an in den 70er Jahren entgegen gebracht wurden. Die Zahlen relativieren sich allerdings dann, wenn umgekehrt davon ausgegangen werden muss, dass langfristig in Deutschland rund 1 Mio. Grundstücke über Kleinkläranlagen zu entsorgen sind. Insgesamt entspricht dies also nur einem Anteil der Pflanzenkläranlagen von zwei bis drei Prozent.

Pflanzenkläranlagen werden als das Naturnahe Verfahren für die Abwasserbehandlung im ländlichen Raum angesehen, da ihr Reinigungspotenzial das der einfacheren natürlich belüfteten Teiche in mehrfacher Hinsicht übertrifft. Dennoch haben Pflanzenkläranlagen nie den Status erreicht, den Teichanlagen für die Abwasserbehandlung kleiner Kommunen einnahmen. Zum einen mag dies an der Zeit liegen, in der die Reinigungsanforderungen kontinuierlich hochgeschraubt wurden, zum anderen an der teilweise revolutionären Entwicklung technischer Verfahren. Damit verbunden ist ein Glaube an die technische Leistung und deren Unfehlbarkeit. Die Frage des Energie- und Betriebsaufwands spielt völlig zu Unrecht häufig immer noch eine untergeordnete Rolle.

Bevor die eigentlichen Potenziale von Bewachsenen Bodenfiltern als derzeit wichtigste Variante der Pflanzenkläranlagen diskutiert werden, soll hier auf aktuelle Entwicklungen eingegangen werden, die die Anwendung von Pflanzenkläranlagen in Zukunft betreffen.

Zunächst ist von der Novellierung der Abwasserverordnung im Juni 2002 die Rede. Um den Anforderungen des europäischen Rechtes bei der Einführung von harmonisierten Normen im Bereich der Kleinkläranlagen gerecht zu werden, wurde der Anwendungsbereich der geltenden Mindestanforderungen für die Abwasserbehandlung von ehemals ab 50 Einwohnergleichwerten auf jetzt einen Einwohner herunter gesetzt. Dies ist grundsätzlich für die Anwendung von Bewachsenen Bodenfiltern kein Hindernis, da diese recht „lockeren" Grenzwerte für den chemischen oder biologischen Sauerstoffbedarf sicher eingehalten und in der Regel deutlichst unterschritten werden. Gleichzeitig wurde aber mit diesen Grenzwerten die Regelung eingeführt, dass jede Kleinkläranlage, die eine allgemeine bauaufsichtliche oder eine europäische technische Zulassung besitzt, diese Werte per Definition einhalten wird (Fiktionsregelung).

Auch das ist sicher kein Problem, wenn diese Anlagen ordnungsgemäß betrieben und gewartet werden. Problematisch ist indessen, dass in Folge dieser
vermeintlichen Grenzwertverschärfung und aus Gründen der Handhabbarkeit in
den einzelnen Bundesländern Bestrebungen existieren, nur noch solche allgemein zugelassenen Anlagen zu genehmigen. Für Pflanzenkläranlagen, die in der
Regel vor Ort montiert und meist nicht in Serie hergestellt werden, gibt es eine
solche Zulassung noch nicht. Allerdings ist ab Ende 2004 mit der Zulassung der
ersten Anlagentypen zu rechnen.

Der zweite wichtige Grund für die langsamere Verbreitung von Bewachsenen Bodenfiltern ist sicher in der fortwährenden Diskussion um Probleme bei deren Anwendung zu suchen.

Immerhin hatte die Veröffentlichung von ersten Hinweisblättern durch ATV und
IÖV Anfang bis Mitte der 1990er Jahre zu einem deutlichen Zuwachs bei
Pflanzenkläranlagen geführt. Mit der Herausgabe des ATV-A 262 im Juli 1998
wurde erstmalig ein Standard definiert, der von den meisten Bundesländern als
allgemeine Regel der Technik anerkannt wurde. Dies gab der Verbreitung von
Pflanzenkläranlagen erneuten Vorschub. Obwohl grundsätzlich eine solches Arbeitsblatt nicht verfahrensausschließend ist – nicht beschriebene Verfahrensvarianten können den Zweck möglicherweise genauso erfüllen – führte die Regel zu einer bevorzugten Anwendung von solchermaßen anerkannten Bewachsenen Bodenfiltern. Bald stellte sich allerdings heraus, dass auch für Bewachsene Bodenfilter einige technische Anforderungen möglicherweise nicht
hinreichend beschrieben waren. So wurden den Anforderungen des A 262 fall-
weise oder länderweise unterschiedliche Kriterien hinzugefügt oder es wird
überhaupt nicht mehr als Grundlage angesehen.

Dieser Zustand eines „schwebend unwirksamen Arbeitsblattes" sollte im
Frühjahr 2005 mit Erscheinen des neuen A262 beendet sein. Dadurch ist zwar
wieder mehr Planungssicherheit gegeben aber der Aufwand für Errichtung und
Betrieb wird sich deutlich erhöhen. So ist in Zukunft mit einer Mindestfläche
von 4 m² pro Einwohner bei Vertikalbeeten zu rechnen. Bis jetzt wurden nur 2,5
m² gefordert. Es sind nur noch solche Verfahrensvarianten bzw. Kombinationen
aufgenommen worden, die sich in der Praxis bewährt haben oder es wurden zusätzliche Sicherheiten bei der Vorklärung eingebaut. Kiesfilter, wie sie vor-
nehmlich außerhalb von Deutschland gebaut werden, sind im neuen Arbeitsblatt
nicht berücksichtigt. Die französische Bauweise, bei der Vertikalbeete mit Rohwasser beschickt werden, ist zwar nicht mehr wie zuvor kategorisch wegen hy-
gienischer Bedenken ausgeschlossen, sie stellt aber hier noch keine allgemein
anerkannte Regel der Technik dar.

Der dritte Grund für das „Nischendasein" von Bewachsenen Bodenfiltern
ist wie schon erwähnt in der Konkurrenz der modernen technischen Verfahren
zu sehen.

Auch für Ingenieurökologen sind die Möglichkeiten der Membranbiologie zunächst verlockend.
Der Kreislaufführung von Abwasser zu Betriebswasser scheinen auch für kleine Grundstücksanlagen keine Grenzen mehr gesetzt. Es ist nur eine Frage der Zeit, bis die Membranen so billig sind, dass deren Vorteile die Mehrkosten aufwiegen.
Aber auch jetzt schon sind gute technische Verfahren auf dem Markt, die mit einfachen Mitteln von der Kleinkläranlage bis in den Größenbereich von 10.000 EW fast alle Wünsche an eine gute Abwasserreinigung erfüllen können. Hier ist in erster Linie das preisgünstige SBR-Verfahren zu nennen. Für den Abwasseringenieur stehen besonders die Vorteile der regelungstechnischen Eingriffsmöglichkeiten und damit gegebenenfalls der Nachbesserung im Betrieb im Vordergrund. Hinzu kommt der dominierende Kostenvorteil von technischen Anlagen bei größer werdenden Anschlusswerten und sinkenden spezifischen Investitionskosten. Wozu brauchen wir also noch naturnahe Abwasserbehandlungsverfahren?

Abb. 1: SBR mit nachgeschaltetem bepflanzten Bodenfilter (Hintergrund)

Pflanzenkläranlagen nutzen eine mehr oder weniger strukturierte naturähnliche Umgebung aus Wasser, Boden und Pflanzen, um die biologischen Abbauprozesse durch Mikroorganismen zu fördern. Im Gegensatz zu den heute üblichen Kläranlagen mit biologischer Reinigungsstufe kommen naturnahe Verfahren ohne technische Belüftungsaggregate aus und benötigen somit nur eine Minimum an Fremdenergie. In diesem Sinne können Pflanzenkläranlagen also als besonders nachhaltig bezeichnet werden.

Es ist unübersehbar, dass der steigende Energieverbrauch für die Abwasserreinigung auf immer höherem technischem Niveau, langfristig sowohl res-
sourcen- als auch kostenhalber nicht aufrecht zu erhalten sein wird.
Es kommt also darauf an, angepasste Lösungen zu entwickeln, die den
Zielen der Agenda 21 entsprechen. Die Interessen aus Gewässer- und Natur-
schutzsicht müssen mit dem allgemeinen Ziel des Ressourcen- und Klimaschutz
in Übereinstimmung gebracht werden. Hierbei können Bewachsene Bodenfilter
und künstliche Feuchtgebiete in Kombination mit technischen Verfahren eine
Schlüsselrolle einnehmen.

So unterschiedlich wie die möglichen Anwendungen und Zielsetzungen
sind die Ausgestaltungen konstruierter natürlicher Systeme zur Abwasserreinigung in der Praxis. Bei der Auswahl spielen regionale Gegebenheiten wie
Landschaftspotential (Wasserhaushalt, Boden, Vegetation und Klima) sowie
Platzbedarf und Traditionen neben der speziellen Aufgabe der Abwasserreinigung eine große Rolle. Während im englischen Sprachraum vorwiegend
relativ große Feuchtgebiete mit freiem Wasserspiegel entstanden sind, wurden in
Deutschland (abgesehen von den unbepflanzten Teichanlagen) fast ausschließlich Bewachsene Bodenfilter errichtet, bei denen das Schmutzwasser
durch den Bodenkörper geleitet wird. Letztere haben den Vorteil, dass sie die
Fläche vergleichsweise intensiv nutzen, indem der durchströmte Bodenkörper
eine hohe Aufwuchsfläche für die Mikroorganismen zur Verfügung stellt.

Pflanzenkläranlagen lassen sich im wesentlichen an Hand der
hydraulischen Eigenschaften und der eingesetzten Substrate unterscheiden. Das
wichtigste Verfahren in Deutschland sind die Pflanzenbeete nach ATV A 262.
Dies sind **Bewachsene Bodenfilter**, bei denen das zu reinigende, entschlammte
Schmutzwasser gezielt vertikal oder horizontal durch einen bewachsenen Boden
geleitet wird. Es wird ein sandig/ kiesiges Filtermedium mit einem definierten
Körnungsspektrum bzw. Wasserleitfähigkeitsbereich verwendet. Der Bodenfilter ist gegenüber der Umgebung abgedichtet und stellt somit einen ge-
schlossenen Reaktor mit eindeutigem und zu überwachendem Ablauf dar. Das
Verfahren der Bewachsenen Bodenfilter wurde in zahlreichen Ausprägungen
weiterentwickelt, die zum Teil wesentlich vom A 262 abweichen.

Hiervon zu unterscheiden sind insbesondere die sogenannten **Wurzel-
raumverfahren**, bei denen bindige Böden verwendet wurden. Wegen der
schwierig in Griff zu bekommenden hydraulischen Eigenschaften werden diese
Filter in Deutschland nur selten genehmigt.

Pflanzenbeete mit grobem kiesigen Medium werden in Deutschland nur
von wenigen Herstellern angeboten. Diese haben den Nachteil einer verringerten
Filtrationswirkung. Die Beete sind meist horizontal durchströmt und werden
dauerhaft eingestaut. Bei der Reinigung spielen Absetzvorgänge eine große
Rolle. Kiesige Vertikalfilter werden eher als naturnahe Tropfkörperanlage betrieben.

Vertikal durchströmte Kiesfilter können aber auch zur Vorbehandlung in Form eines Vererdungsbeetes dienen. Diese Form der Abwasserreinigung wird in einigen Anlagen sehr erfolgreich betrieben. Insbesondere aus Frankreich liegen Ergebnisse von gut untersuchten Anlagen vor. In Deutschland wird diese Form der „integrierten Schlammbehandlung" aber von der ATV aus hygienischen Gründen völlig abgelehnt. Die Stichhaltigkeit der Argumente ist jedoch zumindest bei den professionell betriebenen Kläranlagen sehr zu hinterfragen.

Der Leistungsstand von Bewachsenen Bodenfiltern wurde im Rahmen einer Literaturauswertung für die Arbeitsgruppe „Abwasserbehandlung in Pflanzenbeeten", die sich mit der Überarbeitung des A 262 befasst zusammengestellt (vergl. Tabelle 1). Die umfangreichsten Untersuchungen in der Praxis wurden von GELLER et al. (2002) im Rahmen des Verbundprojektes „Bewachsene Bodenfilter" durchgeführt. Sie evaluierten 62 vorwiegend kommunale Kläranlagen der Größenklasse 1 im deutschsprachigen Raum (Deutschland/ Österreich/ Schweiz), die Bewachsene Bodenfilter zur Abwasserreinigung einsetzen. Fast die Hälfte aller untersuchten Anlagen verwendeten vertikal durchströmte Filter (49 Prozent), 40 Prozent der Anlagen waren reine Horizontalfilter und sieben Anlagen (11 Prozent) waren eine Kombination aus vertikal und horizontaldurchströmten Filtern. Die meisten untersuchten Anlagen dieser Größenklasse befanden sich in Bayern, gefolgt von Brandenburg und Niedersachsen.

Parallele Untersuchungen zur Optimierung von Bewachsenen Bodenfiltern an Hand von Demonstrations- und Forschungsanlagen zeigten die Möglichkeiten aber auch die Grenzen der naturnahen Abwasserbehandlung auf. So konnten z.B. hinsichtlich der Nitrifikationsleistung von vertikal durchströmten Sandfiltern hervorragende Ergebnisse erzielt werden, die die bisherigen Forschungsergebnisse teilweise übertreffen oder bestätigen (Kunst et al., 2002). Ein Ammoniumgrenzwert von 10 mg/L kann mit Sicherheit erreicht und im Sommer deutlichst unterschritten werden. Es konnten Erkenntnisse über die Verteilung der biologischen Aktivität über die Tiefe gewonnen werden, die in Zukunft eine flachere Bauweise von Vertikalfiltern zulassen.

Als besonders wirksam für die Stickstoffelimination hat sich auch die Kombination von Vertikalfiltern mit einer Kreislaufführung über die erste Stufe der Vorklärung erwiesen. So konnten Eliminationsraten von bis zu 70 Prozent sicher eingestellt werden. Auch die Kombination mit Teichanlagen hat sich dabei als sehr wirksam erwiesen.

Eine sichere Bemessung für die Phosphorelimination in Bewachsenen Bodenfiltern ist aufgrund der Forschungsergebnisse nicht möglich. Zu zahlreich sind die möglichen Einflussfaktoren. Dennoch werden häufig in schwach belasteten Bodenfiltern sehr geringe Phosphat Ablaufwerte erzielt.

Eine sichere Möglichkeit zur Einhaltung von Anforderungen besteht in der Nachschaltung von Sorptionsfiltern, die mit Eisen- oder Aluminiumhaltigen Filtermedien befüllt sind. Dies konnte an der Kläranlage Wiedersberg in der Praxis nachgewiesen werden (Rustige u. Platzer, 2002).

Von besonderem Interesse sind auch die Untersuchungen des Umweltbundesamtes, mit denen das hohe Potenzial von Bewachsenen Bodenfiltern für die Elimination von pathogenen Keimen dargestellt werden konnte. Demnach können von zweistufigen Bodenfilteranlagen hinsichtlich der Indikatororganismen alle hygienischen Anforderungen an Badegewässer oder Bewässerungswässer erfüllt werden. So lagen die Eliminationsraten zwischen 3 und 5 Zehnerpotenzen und damit deutlich über der Leistungsfähigkeit von konventionellen technischen Kläranlagen (Hagendorf et al., 2002).

Vertikalfilter

	Geller (2002) ca. 30 Anl. > 50 EW		Mitterer-Reichmann (2002) 200 Anlagen*		Schmager u. Heine (2000) < 100 EW		Schmager u. Heine (2000) > 100 EW	
	Median	10-p - 90-p	Median	Min-Max	Median	Min-Max	Median	Min-Max
CSB zu			412	90-1650	337	156-763	374	300-601
CSB ab	41	22-116	30	3-138	40	14-303	34	20-75
BSB5 zu			270	50-675	174	88-268	227	90-301
BSB5 ab	7	3-35	3	<1-55	5	2-12	6	4-40
Nges zu					105	91-119	65	40-90
Nges ab	41	19-72			75	5-119	35	30-57
NH4-N zu			73	8-157	95	51-150	80	35-140
NH4-N ab	7	0,3-50	0,4	0,1-41	6	0,2-90	7	0,5-37
P zu			9,4	1-19	12,5	9-15	9,7	8-37
P ab	3,3	1,2-7,2	3,2	0,1-17	3,1	0,1-9,9	0,2	0,1-5,4

Horizontalfilter

	Geller (2002) ca. 25 Anl. > 50 EW		Schmager u. Heine (2001) Pure (Typ2)** 17 Anlagen		Schmager u. Heine (2000) < 100 EW		Schmager u. Heine (2000) > 100 EW	
	Median	10-p - 90-p	Median	Min-Max	Median	Min-Max	Median	Min-Max
CSB zu			280	140-717	439	31-913	335	44-609
CSB ab	41	22-117	37	12-453	73	24-356	44	17-409
BSB5 zu			136	20-290	14	5-373	187	8-475
BSB5 ab	7	3-36	8	1-293	13	2-150	9	2-350
Nges zu			70	39-100	36	36-150	56	22-134
Nges ab	27	12-50	29	14-33	28	18-118	28	9-67
NH4-N zu			110	3-156	98	15-150	91	3-293
NH4-N ab	22	7-44	17	<1-93	28	0,5-116	18	0,4-60
P zu			13,6	0,1-31	10	0,5-60	9	2-23
P ab	2,1	0,4-6,6	7,8	0,4-12	2	<0,1-29	1,7	0,1-7,1

Sonderformen

	Schmager u. Heine (2001) Pure (Typ1: VeF/HF)*** 63 Anlgen		Pflüger (2003) Schilf/ Binsen (VF/HF)**** 50 Anlagen < 50 EW	
	Median	Min-Max	Median	Min-Max
CSB zu	520	37-2190		
CSB ab	43	2-380	46	17-173
BSB5 zu	207	6-1480		
BSB5 ab	5	<1-265	5	3-80
Nges zu	12	2-87		
Nges ab	10	<1-52		
NH4-N zu	38	1-375		
NH4-N ab	7	<1-88		
P zu	6,7	0,2-21,6		
P ab	2,2	0,1-12,7		

* VF Österreich > 5 m²/EW
** HF Kies, Tiefe 0,3-0,4 m
*** mit Verdungsfilter
**** (baugleiche) Kiesfilter

Tab.1: Zusammenstellung von Zu- und Ablaufwerten von Pflanzenkläranlagen nach verschiedenen Autoren

Die Leistungsgrenzen von Bewachsenen Bodenfiltern werden im wesentlichen durch das Auftreten von Kolmationserscheinungen bestimmt. Von WINTER (2003) wurden deshalb umfangreiche Untersuchungen durchgeführt, um die Belastungsgrenzen in der Praxis zu ermitteln. Obwohl bereits PLATZER (1998) eine Obergrenze für die organische Belastung angegeben hatte, konnte von WINTER (2003) erstmalig ein statistischer Zusammenhang zur partikulären Filterbelastung hergestellt werden. Daraus wurden neue Belastungsgrenzen von 20 mg/m²/d CSB sowie 100 mg/L abfiltrierbare Stoffe (AFS) abgeleitet. Hieraus ergeben sich neue bzw. definierte Bedingungen für die Qualität der Vorbehandlung bei Bewachsenen Bodenfiltern sowie größere spezifische Flächen für die Bodenfilter selbst. In der Diskussion ist derzeit eine Erhöhung der Mindestfläche von 2,5 auf 4 m² je Einwohnergleichwert bei Vertikalfiltern.

Für Aufregung sorgte die Veröffentlichung von Engelmann et al. (2003) die sich auf die Untersuchung an vertikal durchströmten Mehrschichtfiltern bezog. Grundlage dieser Arbeit war die Ermittlung von Filterstandzeiten von Müller (2002) an Hand der Zunahme von partikulären Einlagerungen in den Bodenporen. Es muss aber berücksichtigt werden, dass die untersuchten Anlagen nicht den Anforderungen des geltenden A 262 entsprachen. Zu recht wurde auf viele Mängel bei der Vorklärung in Zusammenhang mit Fremdwassereinflüssen hingewiesen.

Grundsätzlich anders als die typisch sandigen Bodenfilter verhalten sich aber Vertikalfilter, die mit Rohwasser beschickt werden. Diese nur am Rande untersuchten Filter bilden auf der Kiesschicht aus Pflanzenstreu und festen Abwasserinhaltsstoffen eine lockere Anschwemmschicht, die offenbar ein Zusetzen des Kiesfilters verhindert. Vor allem in Frankreich werden solche Filterstufen als Vorklärung vor einem vertikal durchströmten Bodenfilter eingesetzt. Im Grunde handelt es sich hierbei um einen optimierten Rottefilter, vergleichbar mit der Klärschlammvererdung in Schilfbeeten, bei dem eine ausreichende Belüftung und Entwässerung gegeben ist. Der große ökologische Vorteil einer solchen Verfahrenskombination ist in der weitest gehenden Klärschlammreduktion und -entwässerung ganz ohne zusätzliche Fremdenergie zu sehen.

Abb. 2: Vererdungsfilter mit Rohwasserbeschickung, Frühjahrsaspekt

Zusammenfassend können die Perspektiven für den Einsatz von Bewachsenen Bodenfiltern in Deutschland wie folgt eingeschätzt werden:

Pflanzenkläranlagen unter 50 EW werden zunehmend mit allgemeiner bauaufsichtlicher Zulassung errichtet. Allerdings können die Länder nach der Abwasserverordnung sonstige Verfahren zulassen, wenn Sie dafür besondere Anforderungen an den Einbau, den Betrieb und die Wartung festlegen. Diese werden derzeit im Land Nordrhein-Westfalen für Pflanzenkläranlagen geprüft.

Kostenmäßig konkurrieren können Bewachsene Bodenfilter mit technischen Verfahren am ehesten im Bereich < 500 Einwohnergleichwerte. Prinzipiell sind zwar auch Pflanzenkläranlagen > 1.000 EGW möglich aber in der Regel werden sie den technischen Verfahren unterliegen, wenn nicht besondere ökologische Anforderungen gestellt werden.

Besonders geeignet sind vertikal durchströmte Bodenfilter für die Nitrifikation des Ablaufs von Teichanlagen. Hier besteht ein erhebliches Nachrüstpotenzial.

Für die Behandlung von Mischwasser- oder Regenüberläufen bieten sich Bewachsene Bodenfilter mit zusätzlichem Retentionsraum an. Obwohl die Behandlung dieser Abschläge derzeit laut WHG nicht vorgeschrieben werden kann, ist langfristig mit einer Erhöhung der Anforderungen zu rechnen. In Nordrhein-Westfalen werden solche Anlagen eigens gefördert.

Überall, wo schwierige Einleitbedingungen vorliegen, kann ein nachgeschalteter Bewachsener Bodenfilter hinter technischen Stufen die Restbelastung an Ammonium oder Krankheitserregern minimieren und so einen dezentralen Standort ermöglichen oder erhalten.

Bewachsene Bodenfilter sind grundsätzlich flächenintensive aber energieextensive Verfahren, die vor allem im ländlichen Raum einen guten Beitrag zum langfristigen Erhalt unserer Umwelt bewirken können.

Hinsichtlich der Entwicklung der allgemein anerkannten Regeln der Technik ist ein hin zu mehr Sicherheit zu erkennen.

Verfahrenskombinationen mit der Verwendung von Rohabwasser besitzen in Deutschland noch innovativen Charakter. Es ist nicht einzusehen, warum die Anlagen in Frankreich und in Deutschland anders funktionieren sollen. Die positiven Experimente im nahe gelegenen Saarbrücken und Erfahrungen in Bayern zeigen, dass dies eine ökologisch sinnvolle und kostensparende Alternative darstellt. In den folgenden Jahren müssen Untersuchungen zeigen, ob daraus anerkannte Bemessungs- und Bauregeln für Deutschland entwickelt werden können bzw. ob die französischen hierher übertragen werden können.

Abb. 3: Dirk Esser (S.I.N.T.) erläutert den Teilnehmern der 9. IWA Konferenz Constructed Wetlands die Funktion der Rohwasser Pflanzenkläranlage für ca. 1.200 EW in Roussillion, Prevence (Sep. 2004).

Literatur

ATV-DVWK-A 262 (2004): Grundsätze für die Bemessung, Bau und Betrieb von bepflanzten Bodenfiltern zur biologischen Reinigung kommunalen Abwassers, Arbeitsblatt Entwurf, Hennef

Engelmann U.; Lützner K.; Müller V. (2003): Erfahrungen beim Einsatz von Pflanzenkläranlagen in Sachsen, *KA* - Abwasser, Abfall, 50 (3) 308-320

Fehr G.; Geller G.; Götz D.; Hagendorf U.; Kunst S.; Rustige H.; Welker B. (2003): Bewachsene Bodenfilter als Verfahren der Biotechnologie, Abschlußbericht, UBA-Texte 05/03, Umweltbundesamt, Berlin

Geller G.; Höner G.; Bruns C. (2002): Handbuch Bewachsene Bodenfilter mit CD-Rom – Evaluation von bewachsenen Bodenfiltern im deutschsprachigen Raum und Hinweise zum Qualitätsmanagement, Abschlussbericht, AZ 14178-09. - Ingenieurbüro Ökolog Geller und Partner, Augsburg, 2002- Teilprojekt im Rahmen des Verbundprojektes „Bewachsene Bodenfilter als Verfahren der Biotechnologie", AZ 14178-01, gefördert durch die Deutsche Bundesstiftung Umwelt, Osnabrück, 1998

Hagendorf U.; Bartocha W.; Diehl K.; Feuerpfeil I.; Hummel A.; Lopez-Pila J.; Szewzyk R. (2002): Mikrobiologische Untersuchungen zur seuchenhygienischen Bewertung naturnaher Abwasserbehandlungsanlagen, WaBoLu-Hefte 3/02, Umweltbundesamt, Berlin

Heine, A.; Schmager, C. (2001): Betriebserfahrungen mit PURE-Pflanzenkläranlagen (Typ 1 und 2), Kurzfassung, unveröffentl., Cottbus

Kunst, S.; Kayser, K.; Fehr, G.; Voermanek, H. (2002): Optimierung der Abflusssteuerung und weitestgehende Nitrifikation in der Verfahrenskombination Teichanlage/bewachsener Bodenfilter zum Schutz kleiner Fließgewässer, AZ 14178-03. - Institut für Siedlungswasserwirtschaft und Abfalltechnik der Universität Hannover (ISAH) und F & N Umweltconsult GmbH, Hannover, 2002 - Teilprojekt im Rahmen des Verbundprojektes „Bewachsene Bodenfilter" (s.o.)

Mitterer-Reichmann, G. (2002): Data evaluation of constructed wetlands for treatment of domestic wastewater, Arusha, 8th International concerence on wetland systems for water pollution control, Volume 1, 40-46

Müller, V. (2002): Ein Beitrag zur Bilanzierung von Bodenfiltern, Diss., Dresdner Berichte 21, Inst. f. Siedlungs- und Wasserwirtschaft, TU Dresden

Platzer, Chr. (1998): Entwicklung eines Bemessungsansatzes zur Stickstoffelimination in Pflanzenkläranlagen, Dissertation, Berichte zur Siedlungswasserwirtschaft, TU Berlin,

Rustige, H.; Platzer, C. (2002): Pflanzenkläranlagen im Einzugsgebiet stehender Oberflächengewässer, AZ 14178-06. - AKUT Umweltschutz Ingenieurgesellschaft, Biesenthal, 2002 - Teilprojekt im Rahmen des Verbundprojektes „Bewachsene Bodenfilter" (s.o.)

Rustige, H. (2003): Zusammenstellung und Auswertung der Erfahrungen mit der Planung, Bemessung und dem Betrieb von Pflanzenkläranlagen. Arbeitsgrundlage für die AG KA-10.1 „Abwasserbehandlung in Pflanzenbeeten"

Schmager, C; Heine, A. (2000): Leistungsfähigkeit von Pflanzenkläranlagen: eine statistische Analyse, gwf Wasser Abwasser, 5/00, 315-326

Winter, K.-J. (2003): Bodenkundliche Untersuchung der Kolmation Bewachsener Bodenfilter, Diss., TU Hamburg

Dipl.-Ing. Manuela Tzschirner, Prof. Dr. Robert Jüpner

Wechselwirkung zwischen Auennutzung und Hochwasserschutz

Kurzfassung

Anthropogene Nutzungen in den Flussauen ermöglichte erst der Deichbau, allerdings wurde somit den Flüssen ihre natürliche Retentionsflächen weggenommen. In den deichgeschützten Flächen werden - ungeachtet der Hochwassergefahr - zunehmend höhere Werte angehäuft. Kommt es dann bei extremen Hochwasserereignissen zum Überströmen oder Versagen der Deiche, sind immer größere Schäden zu verzeichnen. Diese Situation verlangt nach ganzheitlichen Hochwasserschutzmaßnahmen und -konzepten, die neben (sozio)ökonomischen auch ökologische Aspekte berücksichtigen.

Eine Hochwasserschutzmaßnahme im Sinne der Stärkung des natürlichen Wasserrückhaltes in der Fläche bildet die Rückgewinnung von Aueflächen durch Deichrückverlegung. Die dabei entstehenden steuerbaren oder ungesteuerten Polder tragen daher mehr oder weniger zu einem effektiven Hochwasserschutz bei. Während die gezielte Flutung gesteuerter Polder eine großräumige Hochwasserschutzmaßnahme darstellt, sind ungesteuerte Polder durch lokale Hochwasserschutzwirkung vorrangig von ökologischer Bedeutung. Neben diesen Interessenskonflikten zwischen Hochwasser- und Naturschutz existieren außerdem ökonomische Interessen an der Nutzung ehemaliger Aueflächen (insbesondere Land- und Forstwirtschaft), welche die Umsetzung von Deichrückverlegungen erschweren.

Einleitung

Die extremen Hochwasserereignisse der letzten Jahre, insbesondere das Oderhochwasser 1997 und das Elbehochwasser 2002 haben den Ruf nach „den Flüssen wieder mehr Raum geben" stärker werden lassen. Die Frage nach dem Einfluss des Menschen auf die Hochwasserentstehung, auf das Hochwassergeschehen sowie die bestmögliche Verringerung der Schäden wird nach wie vor kontrovers diskutiert. Die Rückgewinnung von Flussauen durch Deichrückverlegung ist eine Maßnahme, um der Forderung gerecht werden zu können. In dem Beitrag wird die Wechselwirkung zwischen Hochwasserschutz und Auennutzung erläutert, wobei die Betrachtung von Deichrückverlegung und deren Einfluss auf Hochwasserschutz und Naturschutz im Vordergrund steht.

Hochwasser

Herkunft und Verlauf

Hochwasser ist Bestandteil des natürlichen Wasserkreislaufes. Die Gründe für Hochwasserereignisse sind prinzipiell die gleichen wie vor Jahrzehnten und Jahrhunderten: Intensiver Niederschlag (oder Eis und/oder Schmelzwasser). Der Niederschlag ergibt sich entsprechend der (allgemeinen) Wasserhaushaltsgleichung (mit: N: Niederschlag, V: Verdunstung, A: Abfluss, S: Speicher):

$$N = V + A + \Delta S$$

Ist der Einfluss der Verdunstung auf Hochwasserereignisse gering, spielt der Niederschlag, in Abhängigkeit von der räumlichen und zeitlichen Verteilung sowie der Intensität eine entscheidende Rolle. Der Abfluss stellt das durch den Bewuchs durchdringende und am Boden ankommende Wasser dar, welches entweder an der Oberfläche (Oberflächenabfluss) oder durch die Bodenschicht (Oberflächennaher- und Basisabfluss) abfließt. Wie schnell das Niederschlagswasser abflusswirksam wird, hängt maßgebend von der 4. Wasserhaushaltsgröße ab, dem Speichervermögen des Bodens.

Es beschreibt den Wasserrückhalt in Abhängigkeit von der Landnutzung, der Vegetation, der Bodenart etc. und bestimmt letztlich die Form der Abflusskurve (vgl. Bild 1) (Patt H., 2001).

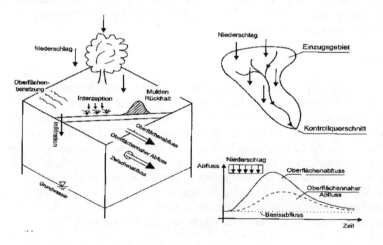

Bild 1: Hochwasserentstehung und Abfluss (aus Patt H., 2001)

Einflussfaktoren

Neben den natürlichen beeinflussenden Faktoren auf ein Hochwasserereignis
wie
- Hydrometeorologie (Niederschlag: Regen/Schnee)
- Fläche (Einzugsgebiet, Neigung, Topografie, Bewuchs)
- Fluss (Länge, Gefälle, Flussbett)

kommt den anthropogenen Einflussfaktoren eine zunehmend größere Bedeutung
hinzu. Hierzu zählen insbesondere:
- Verringerung des Wasserrückhaltes in der Fläche (Versiegelung, intensive
  Landwirtschaft, Waldsterben)
- Beschleunigung des Abflusses infolge Gewässerausbau (Begradigung,
  Gefälleveränderung, Deichbau)

Die zunehmende Menge des direkt abfließenden Niederschlages ist die Konse-
quenz des verringerten Wasserrückhaltes. Als Ergebnis des Gewässerausbaus ist
die schneller abfließende Wassermenge und somit die ansteigende Fließgeschwindigkeit zu berücksichtigen. Bild 2 verdeutlicht die anthropogene Verschärfung von Hochwasserverläufen durch Flussbegradigung und veränderte
Landnutzung exemplarisch.

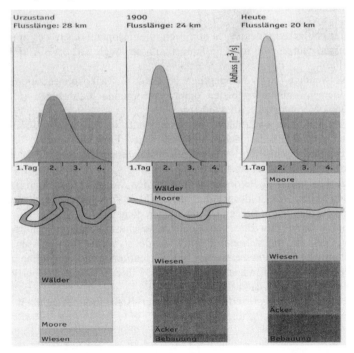

Bild 2: Verstärkung des Hochwassers durch Flussbegradigung und veränderte Landnutzung (nach:
Bayer. Landesamt für Wasserwirtschaft 1998)

Hochwasserkatastrophe

Der tendenziell schnellere Anstieg des Wasserstandes sowie die Erhöhung des Hochwasserscheitels durch die veränderten Randbedingungen in der Hochwasserentstehung wirken sich besonders bei Extremhochwasser aus. Das Gefahrenpotenzial in den betroffenen Gebieten steigt an. Die oft – für den Menschen – katastrophalen Auswirkungen von extremen Hochwasserereignissen ergeben sich aufgrund der Anhäufungen immer höherer Werte (Siedlungen, Industrie- und Verkehrsanlagen) in den Überschwemmungsgebieten, die mit einem steigendem Schadensrisiko verbunden sind. Hochwasserkatastrophe bedeutet also, im Gegensatz zu den positiven Hochwasserwirkungen auf die angepassten Habitate, die negative Auswirkung auf die anthropogenen Nutzungen in den Auen. Je höher, intensiver und wertvoller diese Nutzungen sind, umso größer ist der Hochwasserschaden.

Die Risikokonzentration in den Überschwemmungsgebieten ist die Hauptursache für den Anstieg der weltweit beobachteten Hochwasserschäden (Münchener Rück 1997). Risiko ist dabei die Schnittmenge aus Gefährdung (Eintrittswahrscheinlichkeit) und Vulnerabilität (Wert und Anfälligkeit) (GFZ 2002).

Hochwasserschutz

Als Schlussfolgerung dessen lassen sich die Hauptaufgaben des modernen Hochwasserschutzes wie folgt zusammenzufassen (vgl. u.a. LAWA 1995, Patt H., 2001):
- Notwendige Verringerung der Risikokonzentration in Überschwemmungsgebieten durch vorsorgende Maßnahmen (Flächen-, Bau-, Verhaltens-, Risikovorsorge)
- Erhöhung des natürlichen Wasserrückhalts in der Fläche (Freiflächen, landwirtschaftliche Flächen, urbane Flächen, Flussauen) sowie
- (Bau)technische Hochwasserschutzmaßnahmen (Deiche, Polder, Talsperren, Rückhaltebecken).

Im Folgenden sollen die Polder betrachtet werden, weil sie im direkten Bezug zu Flussauen stehen. Als Polder werden nach DIN 4047 eingedeichte Niederungen definiert, die dem Schutz gegen Überflutungen dienen.

Während durch den Bau von Hochwasserschutzdeichen die anthropogene Nutzung der Auen vielfach erst möglich wurde, so wurden den Flüssen gleichzeitig natürliche Überschwemmungs- bzw. Retentionsflächen genommen. Allein die Elbe verlor durch Eindeichungen ca. 86 % ihrer natürlichen Überflutungsgebiete (Jährling, K.-H. 1998).

Gesteuerte und ungesteuerte Flutungspolder (siehe Bild 3) gehören zu den technischen Hochwasserschutzmaßnahmen.

Steuerbare Polder sind Anlagen mit einem Einlass- und einem Auslassbauwerk, die bei extremen Hochwässern geöffnet werden, um das Wasser in den Rückhalteraum einzuleiten. Weil der Polder bei Erreichen des Scheitels gezielt geöffnet wird, führt der Wasserrückhalt zu einer Kappung des Hochwasserscheitels. Durch den Betrieb von Flutungspoldern wird der Wasserrückhalt in den Auen wieder gestärkt. Aus ökologischer Sicht stellt die zusätzliche Retentionsfläche kaum einen Mehrwert dar, da der Polder nur sehr unregelmäßig geflutet wird und nicht dem natürlichen Überflutungsregime folgt. Darüber hinaus kann aufgrund des Erhalts einer maximalen Retentionsfläche für die Flutung kein natürlicher Bewuchs zugelassen werden.

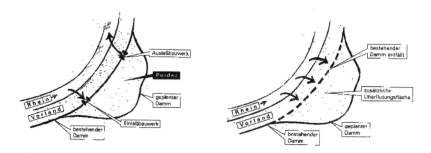

Bild 3: steuerbare und ungesteuerte Flutungspolder (Beispiel aus „Integriertes Rheinprogramm", http://irp.baden-wuertemberg.de/frame_irp.htm)

Ungesteuerte Polder tragen zur Stärkung des natürlichen Wasserrückhaltes bei, in dem sie durch rückgebaute oder geschlitzte Deiche bei allen Hochwasserereignissen geflutet werden. Weil sich der Rückhalteraum schon vor dem Erreichen des Scheitels mit Wasser füllt, führen sie zwar bei extremen Ereignissen zu einer Verzögerung der Hochwasserwelle, die Scheitelkappung jedoch ist nur marginal. Durch die Anbindung an die hohe Fließdynamik sind sie ökologisch sehr hochwertig. Sie dienen somit vorwiegend den Interessen des Naturschutzes.

Auen

Flusstäler und Auen bilden sich aufgrund der Fließgewässerdynamik und den wechselnden Wasserständen. Letztlich formt sich eine Aue samt ihrer charakteristischen Zonierung aufgrund der Veränderung zwischen Austrocknen und Überflutung und des unterschiedlichen Nährstoffgehaltes (siehe Bild 4). Das Ergebnis dieser ständigen Wechsel sind im Idealfall natürliche Auen mit einer ausgeprägten Arten- und Habitatvielfalt.

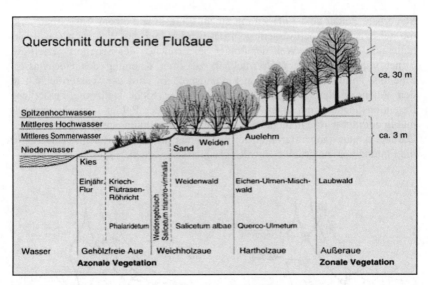

Bild 4: Typische Zonierung einer Flussaue (nach Ellenberg (1964), verändert)

Neben den positiven Effekten wie der Filterwirkung (Schadstoffbeseitigung), dem Ausgleich des Wasserhaushalts (Infiltration) und der extrem hohen Biodiversität kommt natürlichen Auen eine besondere Funktion aufgrund des großen Wasserrückhaltevermögens (vergrößerter Abflussquerschnitt) zu.

Auennutzung

Seitdem sich der Mensch vorzugsweise in flussnahen Gebieten ansiedelt, werden die ehemals natürlichen Flussauen sukzessive durch anthropogene Nutzungen verdrängt. Alle Nutzungen wirken sich letztlich negativ auf die Auenlandschaft einschließlich ihrer Funktion des Wasserrückhalts aus, indem sie die natürliche Überschwemmungsfläche reduzieren und die Auen schädigen.

Aus den unterschiedlichen Nutzungen der Auen haben sich zahlreiche Nutzungs- und Interessenskonflikte, besonders zwischen Naturschutz und Flächennutzung entwickelt. Tabelle 1 fasst die wichtigsten Nutzungskonflikte und ihre Auswirkung auf natürliche Auen zusammen.

Interessen	Beschreibung	Auswirkung Auenlandschaft
Hochwasserschutz (Deiche, Talsperren)	Entkopplung der Auen von Flussdynamik um Siedlungen in Auen zu erlauben	Funktionsschädigung durch Wasseraustauschunterbrechung, Senkung des natürlichen Überschwemmungsraumes
Naturschutz	Schutz von Boden/ Vegetation/ offener Landschaft	Erhöhung des natürlichen Speichervermögens
Landwirtschaft	Unangepasste und intensive Nutzung Bodenerosion → Direkter Stoffeintrag in Gewässer	Verringerung des natürlichen Speichervermögens Habitat- und Funktionsschädigung
Forstwirtschaft	Unangepasste und intensive Nutzung	Verringerung des natürlichen Speichervermögens
Schifffahrt	Flussbegradigung, Flussbettvertiefung	Abflussbeschleunigung, höherer Scheitel Austrocknen der Auen
Kies- und Sandabbau	Grundwasserstandsabsenkung	Habitat- und Funktionsschädigung
Naherholung/Fischen/ Jagen	(Starke) Inanspruchnahme	Habitat- und Funktionsschädigung

Tabelle 1: wichtige Auennutzungen und ihre Auswirkungen auf die Auenlandschaft

Um die Potenziale der Natur- und Kulturlandschaft miteinander zu verbinden, müssen auf interdisziplinärer Ebene unter Beachtung von raumplanerischen, wasserwirtschaftlichen, ökonomischen, ökologischen sowie sozioökonomischen Aspekten ganzheitliche Konzepte entwickelt werden, die zu der Harmonisierung aller Nutzungsansprüche und –konflikte führen. Eine besondere Herausforderung sind dabei die Interessen von Hochwasserschutz und Naturschutz, deren Wechselwirkung im folgenden Kapitel beschrieben wird.

Wechselwirkung Auennutzung und Hochwasserschutz

Die Vergrößerung des Abflussquerschnittes durch die Retentionswirkung von natürlichen Auen bewirkt bei Hochwasserereignissen sowohl eine Dämpfung des Hochwasserscheitels als auch eine Verzögerung der Fließgeschwindigkeit und damit des Anstieges der Hochwasserwelle. Die Absenkung des Hochwasserscheitels entschärft die Hochwassersituation und somit das Schadensrisiko. Die verringerte Geschwindigkeit der Hochwasserwelle ist besonders dann von Bedeutung, wenn die Überlagerung der Wellen von Zuflüssen mit dem Hauptstrom und damit eine Scheitelerhöhung verhindert werden kann. Die konkrete Hochwasserschutzfunktion der Flussaue ist jedoch im Wesentlichen von deren Größe und Geomorphologie abhängig.

Als Bestandteil des natürlichen Wasserrückhaltes tragen intakte Auen demzufolge grundsätzlich zur Verbesserung des Hochwasserschutzes bei.

80 Dipl.-Ing. Manuela Tzschirner, Prof. Dr. Robert Jüpner

Das ist der Grund, warum ihre Funktion als natürliche Überschwemmungsgebiete erhalten und, wo immer möglich, wiederhergestellt werden muss (BMU 2002).

Deichrückverlegung

An geeigneten Orten, an denen z. B. Deichertüchtigungen anstehen und entsprechende Flächen vorhanden sind, können Deichrückverlegungen durchgeführt werden, um Überschwemmungsgebiete zurückzugewinnen. Unter Deichrückverlegung werden Maßnahmen eines Deichneubaus im Landesinneren, verbunden mit Rückbau oder Schlitzung des alten Deiches, verstanden. Zwei Hauptziele sind mit dieser Maßnahme verbunden:

1.) Verbesserung der Hochwassersicherheit durch Rückgewinnung verlorengegangener Überflutungsflächen sowie

2.) Ökologische Aufwertung des Gebietes der vorher meist intensiv genutzten Fläche.

Ein Vorteil von Deichrückverlegungen aus Sicht des Katastrophenschutzes ist die bessere Deichverteidigung durch die Verkürzung der neuen Deichlinie bzw. durch verbesserte Zuwegungsmöglichkeiten.

Die Wiedergewinnung von Aueflächen hat zusammengefasst folgende Vorteile:
- Schaffung von zusätzlichem Retentionsraum
- Vergrößerung des Abflussquerschnittes
- Lokale Abminderung des Wellenscheitels, besonders in kleinen Flüssen
- Ökologische Aufwertung der Auen als Lebensraum

Jedoch gestaltet sich die Rückgewinnung von Auen aus diesen Gründen problematisch:
- Kostenintensiv wegen des notwendigen Flächenerwerbs und des Deichneubaus
- Geeigneter Rückgewinnungsraum ist limitiert (andere Nutzungen, dicht besiedelte Gebiete)
- Als Maßnahme für Hochwasserschutz bei extremen Ereignissen ungeeignet.

Während die Kosten des Deichneubaus meist nicht teurer sind als die durch die anstehende Deichertüchtigung ohnehin notwendigen Mittel, sind die Kosten für den Flächenerwerb nicht unerheblich. Ein weitaus größeres Problem stellt die Verfügbarkeit von geeignetem Rückgewinnungsraum dar. Der Großteil der Flächen befindet sich in Privatbesitz und Naturschutzprojekte stoßen gewöhnlich auf wenig Akzeptanz und Verständnis bei den Eigentümern. Selbst wenn die Hochwasserschutzaspekte in den Vordergrund gerückt werden, hält die Bereitwilligkeit der Eigentümer in Grenzen, im Sinne von Deichrückverlegungen Flächen abzugeben, umzunutzen oder zu extensivieren.

Darüber hinaus sind Deichrückverlegungen zwar lokal eine geeignete Hochwasserschutzmaßnahme, jedoch wirken sie sich bei Extremereignissen großräumig nur minimal auf eine Scheitelkappung aus (siehe übernächster Abschnitt). An dieser Stelle zeigt sich die Notwendigkeit einer verstärkten interdisziplinären Zusammenarbeit besonders zwischen Wasserwirtschaft und Raumplanung.

Praxisbeispiel

Betrachtet werden soll eine geplante Revitalisierungsmaßnahme durch eine Deichrückverlegung an der Elbe. Es handelt sich um das hydraulische Nadelöhr bei Lenzen (Brandenburg), wo ein Deichabschnitt von ca. 7 km bis zum Jahr 2006 um bis zu 1,2 km landeinwärts verlegt werden soll (siehe Bild 5). Die Finanzierung erfolgt aus Bundes- und Landesmitteln sowie Eigenanteilen des Trägerverbundes Burg Lenzen (Elbe) e.V.

Durch die vorgesehene Schlitzung des Altdeiches wird mind. 400 ha neue Retentionsfläche geschaffen. Ergebnisse einer hydraulisch morphologischen Untersuchung der Bundesanstalt für Wasserbau (BAW) zeigen, dass bei einem HQ_{20-25} über 35% des Durchflusses durch die neu geschaffene Fläche abfließen würden. Das ist verbunden mit einer lokalen Wasserstandsabsenkung von 25-35 cm. 25 km flussaufwärts (bei Wittenberge) senkt sich der Hochwasserscheitel um 5 cm (Bleyel, B. 2001).

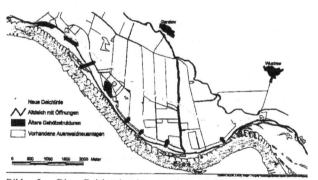

Bild 5: Die Deichrückverlegung im Projektgebiet Lenzen-Wustrow (www.burg-len-zen.de/deichrueckverlegung)

Weil in der Zurückgewonnenen Fläche die Bepflanzung von Auewald und eine extensive Nutzung als Weideland vorgesehen sind, zeigt sich an diesem Beispiel, wie sich die Interessen des lokalen Hochwasserschutzes und Naturschutzes vereinbaren lassen.

Im Weiteren soll die großräumige Hochwasserschutzwirkung von Poldern bei extremen Ereignissen erläutert werden:

Wirkung bei Extremhochwassern

Die ungesteuerte Flutung von natürlichen Aueflächen führt bei extremen Hochwasserereignissen nur zu einer marginalen Absenkung des Hochwasserscheitels, weil der Retentionsraum schon vor dem Eintreffen der Hochwasserwelle weitestgehend mit Wasser geflutet ist. Als effiziente Hochwasserschutzmaßnahme bei extremen Ereignissen und zur Minimierung des Schadenpotenzials ist die gezielte Flutung von gesteuerten Poldern notwendig, da nur so der Hochwasserscheitel wirksam gekappt werden kann. In einem breit angelegten Forschungsthema an der Universität Karlsruhe wurde die „Wirksamkeit von Deichrückverlegungsmaßnahmen auf die Abflussverhältnisse entlang der Elbe" untersucht (Nestmann, F., Büchele, B. 2002). Dabei wurden nicht die lokalen Effekte von Rückdeichungen an der Elbe betrachtet, vielmehr stand die Gesamtbetrachtung der möglichen Retentionswirkung auf das überörtliche Abflussgeschehen im Mittelpunkt. 17 potenzielle Deichrückverlegungsstandorte mit einer Retentionsfläche von ca. 10.500 ha (ohne Havelpolder) an der mittleren Elbe wurden auf ihre Wirksamkeit als ungesteuerte bzw. gesteuerte Maßnahme und im Vergleich ohne Deichrückverlegungsmaßnahmen untersucht (siehe Bild 6).

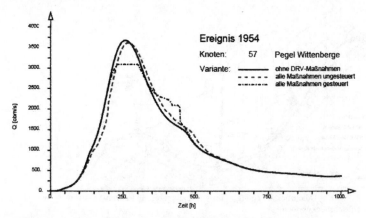

Bild 6: Vergleich der Abflusskurve ohne Deichrückverlegung, ungesteuerte und gesteuerte Deichrückverlegung am Pegel Wittenberge (Ereignis 1954) (Nestmann, F., Büchele, B.2002)

Das Modellierungsergebnis (hier am Pegel Wittenberg bei dem Hochwasserereignis 1954, damals HQ_{100}) zeigt, dass bei der ungesteuerten Maßnahme die Kappung des Scheitels vernachlässigbar klein ist (ca. 3 cm), lediglich eine Verzögerung des Scheitels (um ca. 12 Stunden) erreicht wird.

Werden die Deichrückverlegungen als – aus Hochwasserschutzsicht – optimal gesteuerte Polder genutzt, so lässt sich eine deutliche Kappung des Scheitelwertes erreichen (ca. 35 cm). Soll also der Abfluss eines extremen Hochwasserereignisses durch die Nutzung von Retentionsräumen großräumig vermindert werden, ist das nur durch die gezielte Polderflutung möglich.

Allerdings ist die gesteuerte Flutung aller durch Deichrückverlegung entstandenen Polder aufgrund der anfallenden Bauwerks- und Steuerungseinrichtungskosten unrealistisch und auch ökologisch nicht sinnvoll. Deshalb wurde in einer weiteren Untersuchung die Wirkung der drei größten Deichrückverlegungsstandorte (ca. 5.000 ha) als gesteuerte Maßnahme betrachtet. Das Ergebnis bestätigte den drei größten Standorten einen signifikanteren Effekt (bei einem HQ_{100}) auf die Abflussminderung als den 14 kleineren Standorten.

Schlussfolgerung

Um im Sinne des modernen Hochwasserschutzes Vorteile für den Hochwasserschutz und die Auenökologie zu erreichen, ist eine Kombination von ungesteuerten und gesteuerten Maßnahmen sinnvoll. Für ökologisch wertvolle Aueflächen kommt eine ungesteuerte Flutung bei häufigeren kleineren Hochwasserereignissen in Betracht. Für ausgewählte, größere Standorte kann bei seltenen extremen Ereignissen die gesteuerte Flutung vorgesehen werden. Nachdem der Interessenskonflikt zwischen Hochwasser- und Naturschutz auf diese Art und Weise gelöst werden kann, besteht das weitaus größere Problem der unterschiedlichen Nutzungsansprüche und –konflikte in den Auen (siehe Abschnitt 0), die es sensibel, vorausschauend und interdisziplinär zu lösen gilt. Viele erfolgreiche Auerückgewinnungsmaßnahmen haben jedoch schon gezeigt, dass dies möglich ist.

Zusammenfassung und Ausblick

Die Wechselwirkung von Hochwasserschutz und Auennutzung wurde anhand der Interessenskonflikte zwischen Naturschutz (Rückgewinnung und extensive Nutzung von Auen durch Deichrückverlegungen) und Hochwasserschutz (Deichrückverlegung und Nutzung als Polder) verdeutlicht. Eine schwierige Aufgabe für die Realisierung von Deichrückverlegungen liegt im Flächenkauf bzw. in der Überzeugung der (privaten) Eigentümer, bestehende intensive Land- und Forstwirtschaftsflächen umzunutzen.

84   Dipl.-Ing. Manuela Tzschirner, Prof. Dr. Robert Jüpner

Das am 1. Juli 2004 vom Bundestag beschlossene Artikelgesetz zur Verbesserung des vorbeugenden Hochwasserschutzes (BMU 2004) bietet eine große Chance zur verbesserten Raumplanung durch die bundeseinheitliche Ausweisung von überschwemmungsgefährdeten Gebieten. Das Gesetz, das einhergeht mit Auflagen an die landwirtschaftliche Bodennutzung in Überschwemmungsgebieten auf der Grundlage eines HQ_{100}, kann somit einen wichtigen Schritt beitragen, um Deichrückverlegungen voranzutreiben. Allerdings sollte beachtet werden, dass durch Deichrückverlegungen und die Nutzung der zusätzlichen Retentionsräume als ungesteuerte Flutungspolder lediglich lokal Verbesserungen im Hochwasserschutz erzielt werden.

Großräumig betrachtet tragen sie nicht maßgebend zu einem effektiveren Hochwasserschutz bei. Daher sollte die Kombination mit steuerbaren Flutungspoldern angestrebt werden, wodurch die Ziele von Hochwasserschutz sowie Naturschutz erreichbar sind.

Für die Zukunft müssen im Sinne von Hochwasserschutz und Hochwasservorsorge neben der ohnehin begrenzt möglichen Durchführung von Deichrückverlegungen auch der stärkere Wasserrückhalt im gesamten Flusseinzugsgebiet, bautechnische sowie insbesondere vorsorgende Hochwasserschutzmaßnahmen verbessert werden. Dafür stellt die interdisziplinäre Lösung der Interessens- und Nutzungskonflikte eine Hauptaufgabe dar, bei der die naturwissenschaftlich und technisch ausgebildeten Ingenieurökologen eine immer größere Rolle spielen werden.

Literatur- und Quellenverzeichnis

Nestmann, F., Büchele, B. 2002: Morphodynamik der Elbe – Schlussbericht des BMBF- Verbundprojektes mit Einzelbeiträgen der Partner, Universität Karlsruhe – IWK, Januar 2002
BMU 2002: 5-Punkte-Programm der Bundesregierung – Arbeitsschritte zur Verbesserung des vorbeugenden Hochwasserschutzes, Bundesministerium für Umwelt, Naturschutz und Reaktorsicherheit (BMU), Berlin, 15.9.2002
BMU 2004: Entwurf eines Gesetzes zur Verbesserung des vorbeugenden Hochwasserschutzes vom 3. März 2004
Bleyel, B. 2001: Deichrückverlegung bei Lenzen. Wasserwirtschaft-Wassertechnik, Heft 8, Berlin 2001
GFZ 2002: Deutsches Forschungsnetz Naturkatastrophen: Von der Gefährdung zum Risiko. Zweijahresbericht, GeoForschungsZentrum (GFZ) Potsdam, 2002
Jähring, K.-H. 1998: Deichrückverlegungen: Eine Strategie zur Renaturierung und Erhaltung wertvoller Flusslandschaften. Magdeburg
LAWA 1995: Leitlinien für einen zukunftsweisenden Hochwasserschutz, LAWA, Umweltministerium Baden- Württemberg, Stuttgart, November 1995
Münchener Rück 1997: Überschwemmung und Versicherung. Münchener Rückversicherungs-Gesellschaft, 1997
Patt H., 2001: Hochwasser–Handbuch Auswirkungen und Schutz: Springer Verlag, Berlin Heidelberg 2001

Dipl.-Ing. Rolf Meindl

Hochwasserschutz contra Eigentumsschutz

Zusammenfassung

Extreme Hochwasserereignisse treten in Deutschland und auf der Welt im häufiger und immer intensiver auf. Anthropogene Einflüsse, z.b. Bodenverdichtung, verschärfen die Situation. Die Regelung der Eigentumsverhältnisse und der Landnutzung sind zur Umsetzung von Maßnahmen zum vorbeugenden Hochwasserschutz unabdingbare Voraussetzung. Die Landentwicklung mit ihrem umfassenden Landmanagement bietet eine Vielzahl von Instrumenten zur Abstimmung der unterschiedlichen Nutzungsansprüche an Grund und Boden. Es kann durch konfliktlösende Bodenordnung und gestaltende Landentwicklung einen wesentlichen Beitrag zur eigentumswahrenden Umsetzung von Maßnahmen zum vorbeugenden Hochwasserschutz leisten. Mit den Instrumenten Flurneuordnung, Dorferneuerung und Regionale Landentwicklung können die Maßnahmen in ein ganzheitliches Konzept auf dem Gebiet einer oder mehrerer Gemeinden eingebettet werden.

Unsere Welt ist verwundbar geworden

Bereits nach 1 ½ Tagen Regen wurde im Süden Bayerns im Juni 2004 an einigen Gewässern Hochwasserwarnung mit der Meldestufe 3 gegeben. Nicht dass eine einzelne Hochwasserwarnung etwas Besonderes wäre, aber die Häufigkeit nimmt ständig zu. Schon seit Jahren wird von wissenschaftlicher Seite fast schon Gebetsmühlenhaft auf die Folgen des globalen Klimawandels hingewiesen. Doch Gehör finden sie oft nicht. Neben dem nur langfristig beeinflussbaren Klimawandel ist eine Vielzahl weiterer anthropogener Einflüsse feststellbar, die zu einer Verschärfung der Situation führen. Nach wie vor werden in Deutschland täglich über 100 ha Fläche "verbraucht". Ein Ende ist derzeit nicht absehbar. In Überschwemmungsgebieten werden die Flächen häufig nicht entsprechend genutzt. Die Böden sind verdichtet, was unter anderem zu einem erhöhten und beschleunigten Abfluss führt.

Erschwerend kommt hinzu, dass viele Gemeinden wider besserem Wissen nach wie vor Baugebiete für Wohnen und Gewerbe in Überschwemmungsgebieten ausweisen. Erst kürzlich wurde die Aufstellung eines Bebauungsplanes durch eine Gemeinde in der Nähe von Augsburg durch ein Normenkontrollverfahren, welches durch Bürger initiiert wurde, aufgehoben. Dies ist kein Einzelfall. Die Liste der Sünder, die trotz der Ereignisse in den letzten 5-6 Jahren bei der Ausweisung von Bauland die natürlichen Gegebenheiten und Empfehlungen der Fachleute ignorieren, ist erschreckend.

In einer Gemeinde wurden im Rahmen einer studentischen Arbeit sämtliche überschwemmungsgefährdeten Bereiche dargestellt und in der Gemeinde vorgestellt.

Nichts desto trotz beschloss der Gemeinderat kurz darauf die Aufstellung eines Bebauungsplanes in einem überschwemmungsgefährdeten Gebiet. Die Ignoranz der Gemeinde wurde prompt bestraft. Das Gebiet stand beim nächsten Unwetter unter Wasser, und das Wehklagen war groß.

Hier besteht dringender Handlungsbedarf. Genauso im Fall der Eschenloher Bäuerin Hildegard Straub, die spontan nach dem Pfingsthochwasser 1999 der Gemeinde eines ihrer Grundstücke zur Verfügung stellte, um dort Maßnahmen zum vorbeugenden Hochwasserschutz auszuführen. Als Entschädigung wollte sie kein Geld sondern ein Ersatzgrundstück von der Gemeinde. Über 4 Jahre musste sie warten bis die Gemeinde ihr endlich ihren Anspruch erfüllte. "Sollten solche Praktiken Schule machen, braucht man sich nicht wundern, wenn Grundeigentümer freiwillig keinen Grund und Boden zur Verfügung stellen", so der Leiter des zuständigen Wasserwirtschaftsamtes Peter Frei.

Hochwasserschutz – ein Thema von Landmanagement

Die Bereitstellung von Ersatzgrundstücken bereitet nicht nur der Gemeinde Eschenlohe, sondern auch vielen anderen Gemeinden Schwierigkeiten. Die bauleitplanerischen Interessen und die Interessen der Grundeigentümer sind mit anderen Nutzungsansprüchen, wie z.B. Naturschutzbelangen, abzustimmen. Die Weiterentwicklung der Landnutzung ist also vorrangig an die Erfüllung der diversen, oft konfliktären Ziele unterschiedlicher Nutzer der Landschaften geknüpft (Haberstock/Werner, 2003). Die Lösungen hängen wesentlich von der Akzeptanz der Maßnahmen bei Bürgern, Entscheidungsträgern und insbesondere Grundeigentümern ab.

Hochwasserschutz ist also auch ein Thema von ganzheitlichem Landmanagement mit dem komplexen Einsatz von konfliktlösender Bodenordnung gepaart mit gestaltender Landentwicklung. Die Basis bilden partizipative und integrative Elemente.

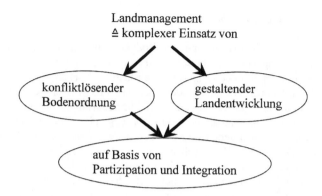

Abb. 1 Landmanagement mit konfliktlösender Bodenordnung und gestaltender Landentwicklung (eigene Darstellung)

Mit seinen vier Bausteinen Beraten, Planen, Bauen und Ordnen bietet sich das ganzheitliche Landmanagement geradezu als Partner der Grundeigentümer, der Kommunen und des Staates an. Es bietet Hilfestellung für viele zentrale Handlungsfelder unserer Gesellschaft (vgl. Magel 2003). Zusätzlich zum strategischen Aspekt einer verfahrens- und projektunabhängigen Beratungstätigkeit steht eine Vielzahl von geeigneten Instrumenten zur Verfügung.

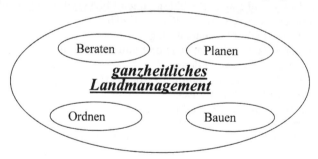

Abb. 2 ganzheitliches Landmanagement   Quelle: Magel/Auweck/Meindl, 2002

Die zentrale Frage lautet: Wie können alle Interessen in einem großräumigen und gemeindeübergreifenden Konzept eigentumswahrend und nachhaltig befriedigt werden?

Instrumente nach dem Flurbereinigungsgesetz

Hierfür bieten sich die Instrumente der Bodenordnung und Landentwicklung nach Flurbereinigungsgesetz geradezu an. Je nach Problemstellung können umfassende Neuordnungen oder zielgerichtet einfachere Verfahren, wie zum Beispiel ein Vereinfachtes Verfahren oder auch ein Freiwilliger Landtausch, zur Anwendung kommen. Dorferneuerung und Flurneuordnung bieten die einzigartige Möglichkeit, die Maßnahmen zum vorbeugenden Hochwasserschutz in ein Gesamtkonzept einzubinden und so auch andere flankierende Maßnahmen umzusetzen. Der vom Bayerischen Gemeindetag initiierte Arbeitskreis "Hochwasserschutz" stellte fest, dass eine verstärkte interkommunale Zusammenarbeit beim Hochwasserschutz erforderlich ist, denn Versäumnisse im Gebiet einer Oberliegergemeinde können sich verheerend auf die Situation in den bach- oder flussabwärts gelegenen Gemeinden auswirken (Forster/Schmid 2003). Die Regionale Landentwicklung als Instrument von Bodenordnung und Landentwicklung für den ländlichen Raum ist besonders durch ihre Umsetzungsorientierung bestimmt. Sie bietet zunächst Hilfe zur Selbsthilfe für interkommunale Partnerschaften im ländlichen Raum (Auweck, 2000).

Das Landmanagement bietet Unterstützung zur Lösung struktureller Probleme und zur Umsetzung von Projekten, die eine einzelne Gemeinde alleine nicht schultern kann, an.

Bodenordnung und Landentwicklung nach Flurbereinigungsrecht:
- **Verfahren nach §§ 1, 86, 87, 91, 103 FlurbG**
  - **- umfassende Flurneuordnung**
  - **- Vereinfachtes Verfahren zur Landentwicklung**
  - **- Unternehmensverfahren**
  - **- Beschleunigtes Zusammenlegungsverfahren**
  - **- Freiwilliger Landtausch**
- **Dorferneuerung (mit/ohne FlurbG)**

Abb. 3 Bodenordnung und Landentwicklung nach dem Flurbereinigungsrecht

Flurneuordnung, Dorferneuerung und Regionale Landentwicklung stellen eine wichtige Alternative bzw. Ergänzung zum Instrumentarium der Wasserwirtschaftsverwaltung dar. Das Landmanagement als wichtiger Bereich des vom Hochwasserschutz angesprochenen Bodenrechts weist dabei zentrale Vorteile auf.

Zentrale Vorteile des ganzheitlichen Landmanagements

Das in Deutschland besonders und zu Recht geschützte Gut des Eigentums an Grund und Boden muss hier im Vordergrund stehen.

Dabei geht es um die Thematisierung des Spannungsfelds zwischen der entschädigungslosen Beeinträchtigung bis hin zum enteignenden bzw. enteignungsgleichen Eingriff. Oder anders ausgedrückt: Was und wie viel müssen Grundeigentümer im Rahmen der in Artikel 14 Grundgesetz manifestierten Sozialgebundenheit des Eigentums hinnehmen?

Im Rahmen des Landmanagements bleibt das Eigentum erhalten. Denn die konfliktlösende Bodenordnung kann neutral die verschiedenen Interessen der Grundeigentümer und der öffentlichen Hand abwägen und zumeist zufrieden stellend für alle Beteiligten lösen, indem sie das Eigentum bzw. die Nutzung so regelt, dass die richtigen Eigentümer an der richtigen Stelle wertgleich abgefunden werden. Ein weiterer Vorteil ist das im Flurbereinigungsgesetz verankerte Genossenschaftsprinzip, nach dem die Entscheidungen zur Neuordnung der Eigentumsverhältnisse auf einen von allen Beteiligten gewählten Vorstand delegiert sind, der als Körperschaft des öffentlichen Rechts eigenverantwortlich handeln kann. Bereits in der Planungsphase sind Bürger und Eigentümer in den Prozess intensiv einzubinden. Durch die Verknüpfung eines top-down Ansatzes mit einem bottom-up Ansatz, der so genannten Dialogplanung, werden die Erfahrungen und Vorstellungen der Bürger mit dem Fachwissen der Planer verbunden.

Die Bürger sind hier durch ein entsprechendes Aus- und Fortbildungsangebot, z.B. an den bayerischen Schulen der Dorf- und Landentwicklung, zu qualifizieren (vgl. Meindl, 2001). Zur Lösung von Landnutzungskonflikten können im Rahmen des Landmanagements zusätzlich alle Flächenbeanspruchenden Planungen zu einem integrierten Ansatz zusammengeführt, eine vorausschauende Bodenbevorratung betrieben sowie flächenbezogene Förderprogramme eingesetzt werden, um eine nachhaltige Entwicklung ländlicher Regionen zu gewährleisten (vgl. Ewald, 2001). Im Rahmen des Landmanagements werden die Maßnahmen zum vorbeugenden Hochwasserschutz in ein Gesamtkonzept integriert, so dass nicht nur punktuell oder linear eingegriffen wird, sondern ein Gebiet gesamträumlich und ganzheitlich gestaltet werden kann. Eintretende Landverluste für Einzelne können so minimiert werden.

Beispiele

Vorbeugender Hochwasserschutz durch interkommunale Zusammenarbeit und Landmanagement

Die verheerenden Schäden durch das Augusthochwasser im Jahr 2002 haben gezeigt, dass im Bereich der Stadt Amberg dringender Bedarf für Maßnahmen zum vorbeugenden Hochwasserschutz besteht. Eine Lösung kann nur gefunden werden, wenn das gesamte Einzugsgebiet betrachtet wird.

Das Einzugsgebiet des Krumbaches umfasst ca. 36 Quadratkilometer und erstreckt sich neben dem Stadtgebiet auf die Gemeinden Hahnbach, Hirschau, Freudenberg und Kümmersbruck. Gemeinsam wird hier ein gemeindeübergreifendes Konzept zum vorbeugenden Hochwasserschutz erstellt. Unterstützt werden die Gemeinden durch das Wasserwirtschaftsamt Amberg und die Direktion für Ländliche Entwicklung Regensburg. Zur Umsetzung des Konzeptes können die Instrumente des Flurbereinigungsgesetzes zur Anwendung kommen.

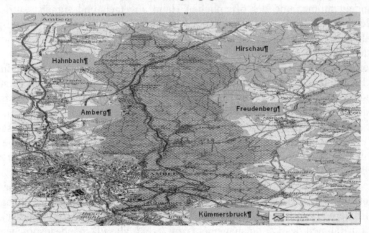

Abb. 4 Interkommunale Zusammenarbeit im Krumbachtal   Quelle: Direktion für Ländliche
Entwicklung Regensburg

Konfliktlösung durch Dorferneuerung u. Bodenordnung

Abb. 5 Dorferneuerung Teunz   Quelle: Direktion für Ländliche Entwicklung Regensburg

Bei der Hochwasserfreilegung in Teunz ist es gelungen, über viele Jahre hinweg die Kompetenzen des Wasserwirtschaftsamtes, des Landkreises, der Gemeinde und der Direktion für Ländliche Entwicklung Regensburg in zeitlicher, planerischer und finanzieller Hinsicht zu bündeln. Die Bereitstellung der innerörtlichen Flächen über ein Bodenordnungsverfahren war die Erfolgsbedingung für eine umfassende Lösung der Hochwasserproblematik und eine spürbare Aufwertung des Standortes Teunz. Der wirksame Schutz der Unterlieger durch große Retentionsflächen unterhalb der Ortschaft war nicht zuletzt durch das Landmanagement der Verwaltung für Ländliche Entwicklung möglich (vgl. Berichte zur Ländlichen Entwicklung, 2004). Das Dorferneuerungsverfahren Teunz wurde für diese beispielhaften Aktivitäten im Prämierungswettbewerb "Ländliche Entwicklung in Bayern" im Jahr 2003 mit einem Sonderpreis bedacht.

Dezentrale Wasserrückhaltung

In den Verfahren nach dem Flurbereinigungsgesetz Rottenegg, Obermettenbach, Untermettenbach, Unterpindhart sind ca. 120 Kleinstrückhaltebecken mit ca. 30.000 m³ Gesamtfassungsvermögen und eine Dammschüttung mit Ausuferungsfläche (ca. 10.000 m³) angelegt worden, um das Niederschlagswasser in der Fläche zurückzuhalten und die Abflussintensität zu reduzieren. Im Rahmen einer Diplomarbeit am Lehrstuhl für Bodenordnung und Landentwicklung der Technischen Universität München konnte nachgewiesen werden, dass mit diesen relativ einfachen Maßnahmen ein Hochwasserschutz bis zu einem HQ_{20} gewährleistet werden kann.   Um allerdings einen weitergehenden Hochwasserschutz für 100-jährliche Niederschlagsereignisse zu erreichen, sind größere Rückhaltebecken und z. T. Ausuferungsflächen von der Quelle bis zur Mündung des Gewässers notwendig.

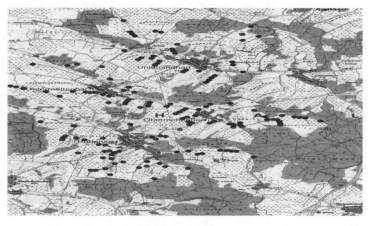

Abb. 6 Dezentrale Wasserrückhaltung, Quelle: Direktion für Ländliche Entwicklung München

Gewässerschutz durch Uferschutzstreifen

Abb. 7: Schaffung und Sicherung von Uferstreifen im Altmühltal; Quelle: Direktion für Ländliche
Entwicklung Krumbach

Zum Gewässerschutz wurden in einer Vielzahl von Verfahren der Ländlichen
Entwicklung Uferschutzstreifen ausgewiesen. Stellvertretend seien hier die Aktivitäten an der Altmühl, Landkreis Eichstätt genannt. Insgesamt konnten Uferstreifen mit einer Länge von ca. 55 km gesichert werden.

Schaffung ökologisch gestalteter Retentionsräume

Im Kammeltal, Landkreis Günzburg wurden durch die Bodenordnung die Ziele
des Biotopgestaltungskonzepts verwirklicht.

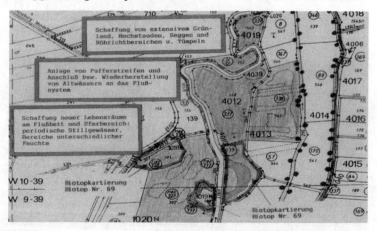

Abb. 8: Biotopgestaltungskonzept   Quelle: Direktion für Ländliche Entwicklung Krumbach

Den Grundstückseigentümern wurden für ökologisch wertvolle Feuchtflächen Tauschflächen in anderen Lagen angeboten. Dadurch konnten extensiv genutzte Grünlandbereiche geschaffen, Pufferstreifen angelegt und Altwässer wieder angeschlossen bzw. wieder hergestellt werden. Die Landentwicklung hat hier in Form eines ökologisch gestalteten Retentionsraums einen wesentlichen Beitrag zum Hochwasserschutz in Verbindung mit dem Aufbau eines lokalen bzw. regionalen Biotopverbundsystems geleistet.

Abb. 9: Das Kammeltal 1930;   Quelle: Direktion für Ländliche Entwicklung Krumbach

Konfliktlösung zur Förderung einer nachhaltigen Landnutzung

In Schellenbach, Landkreis Günzburg lag der Schwerpunkt auf der Förderung einer nachhaltigen Landnutzung. Die Sicherung des Grünlandbereichs im Talraum durch ein Aufforstungs- und Umbruchverbot konnte hier durch Mehrausweisungen in Land von 25 % erreicht werden.

Abb. 10:   Sicherung des Grünlandes im Talraum Quelle: Direktion für Ländliche Entwicklung
Krumbach

Ausblick

Landmanagement ist effizienter Partner der Grundeigentümer, Kommunen, Öffentlichkeit, Fachbehörden und auch Fachdisziplinen. Es hilft Eigentums- und Vermögenswerte zu schützen, Konflikte zu lösen, Geld zu sparen und insbesondere Enteignungen zu vermeiden. Durch Abstimmung mit allen Beteiligten kann das Landmanagement nachhaltig und eigentumswahrend Landnutzungskonflikte lösen.

Literatur

Auweck Fritz 2000: Regionale Landentwicklung – eine Herausforderung für Kommunen und Verwaltung, In: Berichte zur Ländlichen Entwicklung, Hrsg. Bayerisches Staatsministerium für Ernährung, Ladwirtschaft und Forsten, Heft 75/2000, S. 63 – 69

Berichte zur Ländlichen Entwicklung 2004: Hochwasserfreilegung Teunz, In: Dorferneuerung – Flurneuordnung, Regionale Landentwicklung, Prämierungswettbewerb 2003/2004, Jahresbericht 2003, Hrsg. Bayerisches Staatsministerium für Landwirtschaft und Forsten, Berichte Heft 81/2004, S. 12-13

Ewald Wolfgang-Günther 2001: Vom Boden- und Flächenmanagement zum Landmanagement, In: Haushälterisches Bodenmanagement – Herausforderungen an eine nachhaltige Stadt- und Landentwicklung 3. Münchner Tage der Bodenordnung und Landentwicklung, Hrsg. Univ.-Prof. Dr.-Ing. Holger Magel, Materialiensammlung Heft 25/2001, S. 123 – 129

Forster Julius/Schmid Werner 2003: Hochwasser als Herausforderung In: Bayerischer Bürgermeister, Hrsg. Bayerischer Gemeindetag u. a., 6/2003, S. 221 – 225

Haberstock W./Werner A. 2003: Landschaftsentwicklung und Gebietswasserhaushalt – Wechselwirkungen und Ansprüche an die Landnutzung In: Landnutzung und Landentwicklung, Hrsg. Frede, Lecher, Magel, Scheffer, Mai 2003, S. 97 – 100

Magel Holger 2003: Landmanagement – Die neue Herausforderung an Bodenordnung und Landentwicklung, In: Flächenmanagement und Bodenordnung, Hrsg. Kötter, Kummer, Seele, Witte, Gassner, 1/2003, S. 11 – 15

Magel Holger/Auweck Fritz/Meindl Rolf 2002: Forschungsvorhaben Zukunftsorientiertes Landmanagement für die Verwaltung für Ländliche Entwicklung in Bayern Teil 1, Forschungsbericht 2002

Meindl Rolf 2001: Vom Boden- und Flächenmanagement zum Landmanagement, In: Haushälterisches Bodenmanagement – Herausforderungen an eine nachhaltige Stadt- und Landentwicklung 3. Münchner Tage der Bodenordnung und Landentwicklung, Hrsg. Univ.-Prof. Dr.-Ing. Holger Magel, Materialiensammlung Heft 25/2001, S. 131 – 136

M. Matthies, J. Berlekamp, N. Graf, S. Lautenbach

Entscheidungsunterstützungssystem für das Gewässergütemanagement der Elbe - Konzept und Systemgestaltung

Zusammenfassung

Die integrierte Bewirtschaftung von Wassereinzugsgebieten erfordert neuartige Methoden der Verknüpfung von Modellen, Daten, Szenarien und Maßnahmen, wenn die komplexe Vernetzung der betroffenen Elemente nutzergerecht aufbereitet werden soll. Vor diesem Hintergrund wird zurzeit ein strategisch ausgerichtetes Entscheidungsunterstützungssystem für das deutsche Elbeeinzugsgebiet entwickelt (Pilot-DSS Elbe). Darin werden Fragen zum Abflussgeschehen, der chemischen Wasserqualität sowie des ökologischen Zustands der Fließgewässer behandelt. In Absprache mit den potentiellen Nutzern wurden die für das Wassermanagement wichtigen Entwicklungsziele sowie die entscheidenden Maßnahmen und externen Szenarien herausgearbeitet. Zur Harmonisierung der unterschiedlichen räumlichen und zeitlichen Skalen, die bei der Modellierung der hydrologischen, ökologischen, ökonomischen und sozialen Aspekte Anwendung finden, ging der Implementierung eine ausgedehnte Analyse der Systemzusammenhänge voraus. Dabei wurden Systemdiagramme für das Einzugsgebiet sowie das Fließgewässernetz ausgearbeitet, welche die abgebildeten Prozesse verdeutlichen und die Interdependenzen hervorheben. Auf dieser Grundlage wurden die Modelle und Datenbasen zur Abbildung des Abflussgeschehens, des langzeitlichen Eintrags von Nährstoffen aus diffusen Quellen, des Eintrags von Nähr- und Schadstoffen aus Punktquellen sowie der Verteilung verschiedener Substanzen im Fließgewässersystem ausgewählt und miteinander verknüpft.

Einleitung

Nachhaltiges Management von Flusseinzugsgebieten erfordert die Berücksichtigung vielfältiger Nutzungsansprüche und komplexer Rahmenbedingungen. Nicht zuletzt durch die Elbe-Flut des Jahres 2002 ist die Bedeutung eines solchen Managements wieder in den Blickpunkt von Öffentlichkeit und Politik gerückt. Festgeschrieben wird es darüber hinaus mit der Einführung der EU Wasserrahmenrichtlinie (WRRL), die einen nachhaltigen
Ausgleich von Ökologie und Ökonomie in den Flussgebieten fordert. Gewässerqualität, Naturschutz und Ökologie, Hochwasserschutz, Schiffbarkeit, Nutzungsansprüche von Kommunen, Industrie, Bergbau und Landwirtschaft, Tourismus und Naherholung sind gegeneinander abzuwägen. Ansprüche der unterschiedlichen Interessensgruppen sind fair auszugleichen. Um diesem Anspruch gerecht zu werden, benötigen die Entscheidungsträger Informationen aus verschiedenen Wissensbereichen.

Entscheidungsunterstützungssysteme (Decision Support Systems - DSS) be-reiten dieses Wissen in geeigneter Form auf und ermöglichen überdies durch Integration von Modellen verschiedene Entwicklungspfade zu simulieren und zu vergleichen. Eine im Auftrag der Bundesanstalt für Gewässerkunde (BfG) im Jahre 2000 durchgeführte Studie hatte die prinzipielle Notwendigkeit und Machbarkeit eines Pilot-DSS gezeigt, dessen Konzept und Systemgestaltung für die Elbe entwickelt und auf andere Flussgebiet übertragen werden kann (Ver-beek et al., 2000; de Kok et al., 2000; Hahn et al., 2000). Im März 2002 wurde mit der Entwicklung des Pilot-DSS Elbe begonnen. Der vorliegende Artikel konzentriert sich auf Themenfelder der quantitativen und qualitativen Ge-wässergüte im deutschen Einzugsgebiet und Flussnetz der Elbe. Auf die eben-falls im Pilot-DSS Elbe behandelten Themenfelder Schiffbarkeit, Ökologie der Auen und Hochwasserschutz wird nicht näher eingegangen, da sie den Haupt-strom und einzelne Flussabschnitte der Elbe betreffen (siehe dazu BfG, 2003; de Kok & Wind, 2003; de Kok & Holzhauer, 2004). Der Artikel beruht auf dem Zwischenbericht für die erste Phase und nachfolgenden Arbeiten (BfG, 2003). Er beschreibt die einzelnen Schritte der Analyse der potentiellen Nutzer und deren Ansprüche, die Entwicklung und Verfeinerung der Systemdiagramme und die Auswahl der Modelle und Daten, die in das Pilot-DSS Elbe integriert wer-den. Die eigentliche Implementierung wird nicht behandelt, da sie noch nicht abgeschlossen ist.

Analyse der Nutzeranforderungen und Erarbeitung eines Leistungskataloges

Mit den in der Machbarkeitsstudie identifizierten, potenziellen Nutzern wurden Gespräche geführt, um ihre Ansprüche an das Pilot-DSS zu ermitteln. Es wurde eine Fülle von Hinweisen zu Themen gegeben, die im Pilot-DSS behandelt wer-den sollen. In mehreren Treffen mit den Interessenvertretern und Nutzern und unter Berücksichtigung neuerer Entwicklungen wie dem 5-Punkte-Programm der Bundesregierung zum vorsorgenden Hochwasserschutz (BMU, 2002) wurde ein Leistungskatalog für das Pilot-DSS Elbe erarbeitet. Der Leistungskatalog ist in externe Szenarien, Entwicklungsziele, Maßnahmen und Indikatoren unterteilt. Die Begriffe sind wie folgt definiert (Miser & Quade, 1985; de Kok & Wind, 2002):

Externes Szenario:

Unter einem externen Szenario werden die von außen wirkenden, nicht be-einflussbaren Triebkräfte und Komponenten des globalen Wandels oder ein äußerer Faktor verstanden, der die Entwicklung des Elbe-Flussgebietes be-einflusst, aber außerhalb der Kontrolle der Entscheider liegt. Ein externes Sze-nario wird durch einen Satz von Werten bestimmt, die auf der Basis von aner-kannten Modellen außerhalb des DSS berechnet werden.

Der Nutzer des DSS kann die Entstehung der Werte nicht beeinflussen, aber aus verschiedenen vorgegebenen Möglichkeiten wählen. Beispiel: Einfluss von Klimaänderungen auf die Hochwasserhäufigkeit.

Entwicklungsziel:

Unter einem Entwicklungsziel wird ein Systemzustand verstanden, den ein Entscheider/Nutzer anstrebt. Entwicklungsziele können durch Maßnahmen im Flussgebiet erreicht werden. Das Erreichen eines Entwicklungsziels wird mit einem oder mehreren Indikatoren gemessen und anhand der Bewertungskriterien beurteilt.

Maßnahme:

Maßnahmen sind alle Handlungen oder Aktivitäten, die von den Nutzern im DSS zur Erreichung ihrer Entwicklungsziele gewählt werden. Die im DSS dargestellten Maßnahmen gehen auf die Rücksprache oder auf Empfehlung von Fachinstitutionen bzw. von Nutzern zurück.

Indikator:

Eine Zustandsgröße/Parameter, die/der den Grad der Erreichung eines Entwicklungsziels messbar macht bzw. anzeigt. Mit einem Indikator kann die Bewertung der Auswirkungen von alternativen Handlungsstrategien dargestellt werden und das Erreichen von Entwicklungszielen messbar gemacht werden. Die Werte können ordinal, nominal oder numerisch skaliert sein (d.h. qualitativ oder quantitativ). Indikatoren werden im Konsens mit den Nutzern oder auf Empfehlung von Fachinstitutionen festgelegt. Die folgenden *Entwicklungsziele* wurden für die Gewässergüte erarbeitet:

(1) Verringerung der Stoffeinträge in die Nordsee
Internationale Übereinkünfte wie das Nordseeschutzabkommen (Norwegian Ministry of the Environment, 2002) und das Oslo-Paris-Abkommen (OSPAR, 1992) fordern die Verringerung der Einträge von Nährstoffen, Schwermetallen, Pestiziden und anderen bioakkumulativen, persistenten und toxischen Stoffen (PBT-Stoffe) in die Nordsee. Diese Stoffe müssen auf ein für die empfindlichen Ökosysteme des Wattenmeeres und der Nordsee erträgliches Maß reduziert werden.

(2) Erreichen des guten Zustandes der Gewässer
Die EU Wasserrahmenrichtlinie verlangt eine einheitliche Bewirtschaftung aller Gewässer in der Europäischen Union mit dem Ziel, einen guten Zustand zu erreichen:

- chemischer Zustand: prioritäre und spezifische Schadstoffe
  müssen regelmäßig gemessen und Maßnahmen zur Verringerung der Belastung ergriffen werden.
- hydromorphologischer Zustand: Durch wasserbauliche Maßnahmen sind in der Vergangenheit die Habitatqualität für
  Wasserorganismen verschlechtert worden. Insbesondere der
  Einbau von Querbauwerken wie Wehre, Dämme, Schütze,
  Schieber etc. beeinträchtigt die Passierbarkeit für wandernde
  Fische.
- ökologischer Zustand: Ein natürlicher oder naturnaher Zustand der Gewässer wird angestrebt, der dem ursprünglichen
  Zustand der Gewässer nahe kommen soll.

(3) Vorsorgender Hochwasserschutz
  Seit der Elbe-Flut im August 2002 wird der vorsorgende
  Hochwasserschutz auch im Einzugsgebiet stärker als Zielvorgabe
  herausgestellt (BMU, 2002).

Klimawandel, agrarwirtschaftliche und demographische Änderungen werden als
externe Szenarien im DSS-Elbe abgebildet. Regionale Szenarien des Klimawandels wurden für das Projekt GLOWA Elbe (PIK, 2004) mit dem Klima-
modell STAR (Werner & Gerstengarbe, 1997) berechnet und können vom Elbe-
DSS übernommen werden. Die Klimaszenarien beschreiben die potentiellen
Änderungen des räumlichen und zeitlichen Musters von Temperatur, Niederschlag und anderen meteorologischen Parametern für das Elbe Einzugsgebiet
(Gerstengarbe & Werner, 2004). Die Globalisierung des Agrarmarktes und EU-
Regelungen beeinflussen die agrarwirtschaftliche Entwicklung in den neuen
Bundesländern. Mit dem Regionalisierten Agrar- und Umwelt-Informations-
system RAUMIS (Weingarten, 1995) wurden gesetzliche und wirtschaftliche
Einwirkungen auf die landwirtschaftliche Produktion simuliert. Die folgenden
drei RAUMISEntwicklungsszenarien wurden in das DSS-Elbe integriert
(Gömann et al, 2004):
- Business as usual: Die gegenwärtige Situation wird in die Zukunft extra-
  poliert.
- Globalisierung: Alle Handelsbarrieren werden beseitigt.
- Regionalisierung: Regionale Produkte und ökologischer Landbau werden
  unterstützt.

Vorausberechnungen der Bevölkerungsentwicklung, die auf Geburts- und
Sterberaten sowie Ein- und Auswanderungsquoten beruhen, liegen bis zum Jahr
2050 vor (Statistisches Bundesamt, 2004) und wurden für die neuen Bundes-
länder angepasst. Außerdem hat das Bundesamt für Bauwesen und Regionalplanung die zukünftige Ausdehnung der städtischen Flächen bis 2020 berechnet
(BBR, 2004). Die für das Gewässergütemanagement vorgeschlagenen *Maßnahmen* umfassen:

(1) Verringerung des Stoffeintrags aus Siedlungsgebieten
- Entsiegelung
- Trennkanalisation
- Erhöhung des Anschlussgrades an Kläranlagen
- Ausbau der Speicherkapazität von Regenrückhaltebecken
- Verbesserung der Kläranlageneffizienz
(2) Änderungen der Landnutzung
- Aufforstung
- Wiedervernässung
- Randstreifenprogramme
(3) Änderungen im Landbau
- Reduzierte Bodenbearbeitung
- Verbesserung der Gülle-Ausbringtechnik
- Reduzierung des N- und P-Gehaltes im Futter
- Ökologischer Landbau
(4) Gesetzliche Vorgaben
- Einführung einer Stickstoff-Steuer für Mineraldünger
- Begrenzung der maximalen Düngergaben
(5) Verbesserung der Durchgängigkeit
- Beseitigung von Querbauwerken
- Verbesserung der Passierbarkeit für Fische

Räumlich-zeitliche Bezugsskala und Auswahl geeigneter Modelle und Daten

Aufbauend auf den Ergebnissen der Nutzerbefragung wurden verschiedene Modelle überprüft, mit denen die oben genannten Entwicklungsziele, externe Szenarien und Maßnahmen untersucht werden können. Bei der Auswahl wurde das Hauptaugenmerk weniger auf möglichst detaillierte Modellansätze als vielmehr auf eine durchgängige, in sich konsistente Struktur und möglichst ähnliche Raum- und Zeitskalen gelegt. Das deutsche Einzugsgebiet der Elbe umfasst 96.932 km² (siehe Abbildung 1).

Dazu kommt noch das tschechische Einzugsgebiet mit 50.176 km², das für die Klimaszenarienberechnungen mit berücksichtigt werden muss. Das deutsche Einzugsgebiet wird in 135 Teileinzugsgebiete unterteilt, die durch die Pegel am Auslass der Teileinzugsgebiete festgelegt sind. Auf dieser Skala arbeitet das Modell MONERIS (Behrendt et al., 1999), das die Nährstofffrachten aus der Landnutzung berechnet. Ebenfalls auf diese räumliche Bezugsskala wird das Modell HBV-D (Bergstroem, 1976; Bergstroem, 1996; Krysanova et al., 1999) zur Berechnung des Abflusses aus den Niederschlägen und der Temperatur angepasst. Der Vorteil dieses Ansatzes besteht in folgenden Punkten: Es kann auf einer einheitlichen, konsistenten Raumbezugsebene gearbeitet werden, die sich aus der Gliederung des deutschen Einzugsgebiets in 135 Teileinzugsgebiete ergibt, wie sie in MONERIS (Version September 2002) vorgenommen wurde.

Mit der Integration von HBV-D ist eine dynamische Simulation des Abflussgeschehens möglich, die eine Analyse von Landnutzungs- und Klimaänderungsszenarien im Rahmen des DSS erlaubt.

Beide Modelle erfordern im Vergleich zu komplexeren Modellen nur wenige Inputdaten und sind von ihrem Laufzeitverhalten dem DSS angemessen. Beide Modelle sind bereits für das deutsche Elbe- Einzugsgebiet kalibriert worden.

Für die Teileinzugsgebiete liegen langjährige gemessene Abflussstatistiken vor, die für die verschiedenen Entwicklungsziele und Maßnahmen ausgewertet werden können. Wesentliche Informationen sind hydraulische Kennzahlen wie der mittlere Abfluss, das mittlere Hoch- und Niedrigwasser sowie Wiederkehrhäufigkeiten und Perzentile des Abflusses. Daraus lassen sich auch Angaben für die jährlichen Stofffrachten, Konzentrationen und deren Variabilität gewinnen. Für das Modul Fließgewässernetz wird das feine Gewässernetz aus dem Modell GREAT-ER (Matthies et al., 2001; Hess et al., 2004) übernommen. Es umfasst ca. 33.100 Flussabschnitte mit einer durchschnittlichen Länge von 2 km (ohne tidebeeinflusste Teileinzugsgebiete). Die punktförmigen Einleitungen (Kläranlagen) sind bereits mit dem Fließgewässernetz verbunden. Für die Kopplung mit diffusen Stoffeinträgen wurde eine Methodik entwickelt (Berlekamp et al., 2004).

Bereits früh bei der Bearbeitung deutete sich an, dass hinsichtlich des Zeitbezuges zwei grundsätzlich verschiedene Modellansätze in Einklang zu bringen sind: zum einen der bereits in der Machbarkeitsstudie festgelegte statistische Ansatz zur Verwendung langjähriger Daten sowie ein dynamischer Ansatz für die hydrologischen Prozesse auf Tagesbasis. Der statistische Ansatz wurde für die Fragen der Stofffrachten und zur Beurteilung des chemischen und ökologischen Gewässerzustandes als geeignet identifiziert. Die Modelle MONERIS und GREAT-ER arbeiten beide auf einem langjährigen statistischen Ansatz.

Hingegen erfordern die hydrologischen Fragen einen dynamischen Ansatz, um die Auswirkungen von externen Klima- und Landnutzungsszenarien, aber auch von Hochwasserschutzmaßnahmen, auf das Abflussgeschehen untersuchen zu können. Die Verknüpfung beider Ansätze wird dadurch möglich, dass statistische Aussagen aus dynamisch generierten Zeitreihen gewonnen werden. Für Maßnahmen zum Hochwasserschutz und anderen hydrologisch-quantitativen Entwicklungszielen wird der dynamische Ansatz durch das Modell HBV-D gebildet. HBV-D ist ein semi-empirisches Modell, das von der Datenverfügbarkeit für die Teileinzugsgebiete am besten geeignet erscheint. Beide Ansätze können verknüpft werden, indem statistische Aussagen aus den über bestimmte Zeitreihen generierten Pegelständen und Abflüssen gewonnen werden. Damit steht ein flexibles hydrologisches Instrumentarium zur Verfügung, das für zeitlich und räumlich unterschiedliche Fragestellungen eingesetzt werden kann.

Eine umfangreiche Datenrecherche ergab, dass grundsätzlich für alle benötigten Datenbereiche Daten vorhanden sind. Diese sind: Landnutzung (CORINE), DGM (GLOBE G.O.O.D), Bodendaten (BGR), Hydrologische Daten (HAD), Meteorologische Daten (DWD), Gemeindestatistik (Statistisches Bundesamt), Einleiterdaten (UBA). Eine Ausnahme bildet der Bereich des tschechischen Einzugsgebiets der Elbe, für den das Vorhandensein von Daten und die Datenverfügbarkeit noch nicht analysiert wurden. Daten für diesen Bereich werden benötigt, falls HBV auf diesen Bereich angewendet und kalibriert werden soll. Die Datenbasis für das Fließgewässernetz wurde im Rahmen eines vom UBA geförderten Projektes am Institut für Umweltsystemforschung beschafft (Heß et al., 2004). Diese Daten enthalten das Fließgewässernetz und alle für GREAT-ER relevanten Parameter sowie die Lage und Informationen der im Elbeeinzugsgebiet liegenden punktuellen Einleiter. Die Nutzbarkeit der Daten für die Integration in das DSS wurde im Einzelfall geklärt und in Form von Nutzungsvereinbarungen zwischen der BfG und den Dateneigentümern sichergestellt. Die erste Projektphase hat gezeigt, dass die Datenbeschaffung und der Abschluss der Nutzungsvereinbarungen ein zeitaufwändiger und oft auch zeitkritischer Arbeitsschritt ist.

Systemdiagramme

Zunächst wurde eine generelle Struktur des Systemdiagramms entwickelt, das die wesentlichen Module zur Beantwortung der Nutzeransprüche darstellt (BfG, 2003). Für Fragen der Gewässergüte sind dies die Module Einzugsgebiet und Flussnetz. Für diese Module werden jeweils Systemdiagramme erstellt und durch wiederholte Diskussion mit den Nutzern verfeinert. Die Beschreibung der Modelle, die in den jeweiligen Modulen implementiert sind, erfolgt dann in so genannten Modellsteckbriefen, die genauso wie die Eingangsdaten und der Datenfluss in den einzelnen Modulen bearbeitet und beschrieben werden. Beide Module, das Einzugsgebiets- und das Flussnetzmodul, bestehen aus einem Subsystem mit drei Blöcken und exogenen Einwirkungen (siehe Abbildung 2 und Abbildung 3). Jeweils ein Block beschreibt die Charakteristika des Einzugsgebiets und des Flussnetzes, ein zweiter Block die berücksichtigten hydrologischen Prozesse und ein dritter Block die stofflichen Aspekte. Die Blöcke sind wiederum in Systemelemente unterteilt, die miteinander über Wasser- und Stoffflüsse in Wechselwirkung stehen.

Einzugsgebiet

Im Modul Einzugsgebiet werden Maßnahmen und externe Szenarien, die der Steuerung von Stoffeinträgen dienen, abgebildet. Die betroffenen Systemelemente können der Abbildung 2 entnommen werden.

Wichtige Charakteristika des Einzugsgebiets sind die Topographie, Bodeneigenschaften, Landnutzung und Hydrogeologie. Evapotranspiration, Oberflächenabfluss und langsame Abflusskomponenten (Zwischen- und Basisabfluss) sowie eingeleitete Abwassermengen bestimmen die Abflussmengen in den Teileinzugsgebieten. Durch punktförmige Einleitungen aus Kläranlagen und diffuse Quellen gelangen Stoffe in die Fließgewässer. Als externe Szenarien sind am oberen Rand des Systemdiagramms Klima- änderungen, agrarwirtschaftliche und demographische Veränderungen be- rücksichtigt. Am rechten Rand sind die verschiedenen Maßnahmen und ihre Einwirkungen auf das Entwicklungsziel „Verringerung von Stoffeinträgen" (unterer Rand) dargestellt. Die ausgewählten Modelle MONERIS und HBV so- wie die Datenbasen sind im Systemdiagramm mit aufgeführt.

Fließgewässernetz

Im Modul Fließgewässernetz werden die drei Entwicklungsziele abgebildet: Verringerung von Extremabflüssen, Verbesserung des Zustandes der Fließge- wässer (WRRL) und Verringerung der Stofffrachten in die Nordsee. Durch die Vernetzung der beiden Module sind die Entwicklungsziele im Modul Fließge- wässernetz jedoch auch mit den Maßnahmen und externen Szenarien im Modul Einzugsgebiet verknüpft. Dieses gilt insbesondere für das Entwicklungsziel „Verbesserung des Zustands der Fließgewässer", das mit sämtlichen Maß- nahmen und externen Szenarien des Moduls Einzugsgebiet verknüpft ist.

Das Modul Fließgewässernetz beinhaltet das gesamte (Fließ-)Gewässernetz des deutschen Elbe-Einzugsgebiets in digitaler Form samt Pegeldaten. Daraus wer- den die Durchflüsse und Fließgeschwindigkeiten im Gerinne georeferenziert be- rechnet, die in die Ermittlung der Stoffkonzentrationen und –frachten neben den Transport- und Transformationsprozessen eingehen. Als einzige Maßnahme, die direkt im Gewässer wirkt, wird die Verbesserung der Passierbarkeit von Quer- bauwerken für wandernde Fischarten vorgesehen. Mehr als 2000 Querbauwerke behindern zurzeit noch die Wanderung von Fischen in der Elbe (ARGEELBE, 2002).

Die im Einzugsgebietsmodul berechneten Abflusswerte werden an den Aus- lässen der Teileinzugsgebiete im Modul Fließgewässernetz auf die Abflusswerte der einzelnen Gewässerabschnitte mit 2-5 km Länge umgerechnet. Die be- rechneten diffusen und punktförmigen Einleitungen werden ebenfalls auf das Fließgewässernetz umgerechnet und unter Berücksichtigung der relevanten Pro- zesse der Verbleib der betrachteten Chemikalien im Fließgewässernetz mo- delliert.

Kommunikation mit dem DSS-Elbe

Wie kommuniziert nun ein Benutzer mit dem DSS-Elbe? Die Umsetzung von Maßnahmen und Untersuchung von externen Szenarien erfolgt anhand der betroffenen Parameter in den Modellen. Inwieweit diese Parameter durch den Nutzer verändert werden können, muss im Einzelfall festgelegt werden. Ausgewählte Indikatoren quantifizieren den Grad des Erreichens des Entwicklungsziels. Die Verknüpfung von externen Szenarien, möglichen Parameteränderungen und den Einstellmöglichkeiten der Nutzer sind exemplarisch in den Abbildung 4 und Abbildung 5 für das Entwicklungsziel „Verringerung von Stoffeinträgen" dargestellt.

Der Abbildung können auch die möglichen abgebildeten Parameteränderungen sowie die vorgeschlagenen Einstellmöglichkeiten der Nutzer entnommen werden. Bei den möglichen Einstellungen durch die Nutzer lassen sich grundsätzlich zwei Arten unterscheiden:

(1) Der Nutzer kann zwischen vorgegebenen Varianten auswählen. Der Vorteil dieser Variante liegt in der Vermeidung möglicher unsinniger Parametereinstellungen oder – kombinationen, schränkt jedoch die freie Wahl des Nutzers ein (Beispiel: Klimawandel).

(2) Der Nutzer kann Parameterwerte selbst einstellen, wobei jedoch Abstufungen vorgegeben sein können. Da die Möglichkeit unsinniger Parameterkombinationen durch den Nutzer nicht vollkommen ausgeschlossen werden kann, empfiehlt sich diese Variante in vielen Fällen nur für fortgeschrittene Nutzer.

Ausblick

Nach Beendigung der ausführlichen Analyse der Systemzusammenhänge befindet sich das Elbe-DSS nun in der Implementierungsphase. Als Entwicklungsumgebung dient die vom Reasearch Institute for Knowledge Systems (RIKS) entwickelte Software Geonamica (Hahn & Engelen, 2000), die im Zuge der DSS-Implementation um weitere GIS-Funktionalitäten erweitert wurde. Wichtiger Bestandteil des Elbe-DSS ist die GIS-basierte Benutzeroberfläche, die dem Benutzer einen schnellen und einfachen Zugriff auf die vordefinierten Szenarien sowie Maßnahmen und Modellergebnisse ermöglicht. Hinter der Benutzeroberfläche befinden sich, dem Anwender verborgen, ein Modellsteuerungssystem, ein Datenverwaltungssystem sowie diverse wissensbasierte Werkzeuge, welche die Kommunikation der einzelnen Modelle, den Datenaustausch sowie die Ergebnisaufbereitung und -präsentation gewährleisten. In einem ersten Prototyp wurde eine Auswahl an Maßnahmen implementiert, deren Auswirkungen auf die Wasserqualität und das Abflussgeschehen sich in einer Testphase durch die Endnutzer befinden.

Ein erster Eindruck der Benutzeroberfläche kann durch Abbildung 6 gewonnen werden.

Nach Beendigung der Kalibrierung von HBV-D für das deutsche Elbeeinzugsgebiet wird im nächsten Arbeitsschritt dessen Integration in das Elbe-DSS verwirklicht. Dadurch können nicht nur die Auswirkungen verschiedener Klimaszenarien auf das Abflussgeschehen simuliert, sondern auch Niederschlags-Abfluss-Beziehungen in täglicher Auflösung berechnet werden, was die Betrachtung von Hoch- und Niedrigwasserereignissen ermöglicht. Da aber sowohl MONERIS als auch GREAT-ER momentan keine dynamische Simulation unterstützten, muss sich die Betrachtung der Wasserqualität auf eine statistische Untersuchung beschränken. Die weiteren Arbeitsschritte im Elbe-DSS werden sich auf die Integration von ökonomischen Bewertungsverfahren für ausgewählte Maßnahmen konzentrieren, welche mittels Kosten-Nutzen-Analyse die einzelnen Maßnahmen miteinander vergleichbar machen. Des Weiteren sollen biologische Indikatoren zur Beurteilung des guten ökologischen Zustandes der Fließgewässer nach EU-Wasserrahmenrichtlinie Berücksichtigung finden, wie etwa die Fischhabitateignung, sobald diese zur Verfügung stehen. Von besonderem Interesse wird die Ausdehnung des Elbe-DSS auf den tschechischen Teil des Elbeeinzugsgebietes sein.

Die Entwicklungsarbeit des Elbe-DSS hat gezeigt, dass die Einbindung der Endnutzer bei der Analyse der Systemzusammenhänge und beim der Entwicklung des Prozessdesigns mit Projektbeginn unerlässlich war. Nur so konnten die für das Wassermanagement wichtigen Entwicklungsziele sowie die entscheidenden Maßnahmen und Szenarien herausgearbeitet werden. Andererseits wurde es deutlich, dass das Gesamtsystem nicht durch zu viele Inhalte überfrachtet werden darf. Die Endnutzer neigen dazu, so viele verschiedene Aspekte wie möglich integrieren zu wollen. Die Struktur des Gesamtsystems sowie die gewählten Entwicklungsziele, Maßnahmen und Szenarien müssen aber dahingehend beschränkt werden, dass sie durch die gewählten Modelle und die damit verbunden Eingangsdaten abbildbar bleiben. Ihr Gültigkeitsbereich darf nicht verlassen werden. Bei der Wahl der Modelle, der Eingangsdaten und der Prozessformulierung muss darauf geachtet werden, dass ihre zeitliche und räumliche Auflösung kompatibel ist, um eine konsistente Systemstruktur zu erhalten. Die ständige Verbesserung der Benutzeroberfläche durch Rückmeldungen der Endnutzer lässt die Akzeptanz des Elbe-DSS für eine spätere Anwendung deutlich steigern.

Danksagung

Wir möchten der Projektgruppe Elbe-Ökologie, insbesondere Herrn Dr. Sebastian Kofalk, sowie allen Partnern des DSS-Entwicklungsteams für die erfolgreiche Zusammenarbeit sowie der Bundesanstalt für Gewässerkunde und dem Bundesministerium für Bildung und Forschung für die finanzielle Unterstützung danken.

Abbildungen

Abbildung 1:   Das Einzugsgebiet der Elbe. Der räumliche Fokus des DSS liegt auf dem deutschen Teil des Einzugsgebietes.

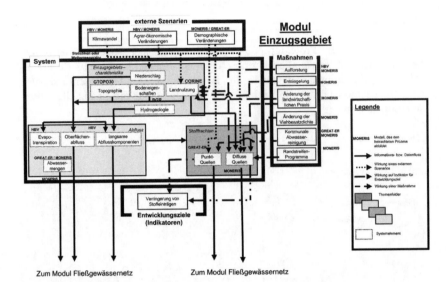

Abbildung 2: Systemdiagramm des Einzugsgebiets mit externen Szenarien, Maßnahmen und Entwicklungszielen

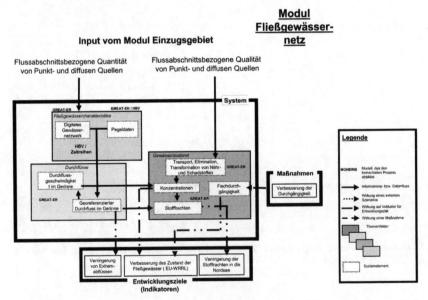

Abbildung 3: Systemdiagramm des Moduls Fließgewässernetz mit Maßnahmen und Entwicklungszielen.

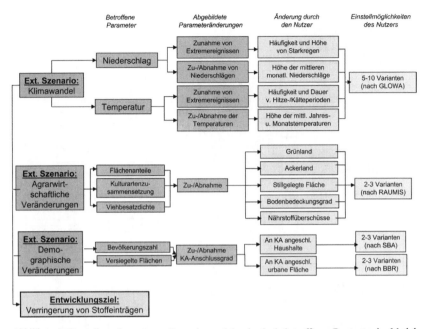

Abbildung 4: Darstellung der externen Szenarien und der durch sie betroffenen Parameter im Modul Einzugsgebiet. Angegeben werden neben den abgebildeten Parameteränderungen, die Änderungen durch die Nutzer und ihre spezifische Einstellmöglichkeit.

108   Matthies, M., Berlekamp, J., Graf, N., Lautenbach, S.

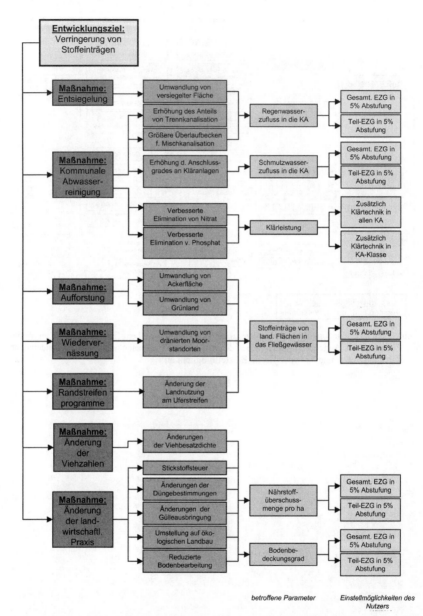

Abbildung 5: Betroffene Maßnahmen (links, dunkelblau) im Einzugsgebietsmodul für das
Entwicklungsziel „Verringerung von Stoffeinträgen". Abgebildet sind weiterhin die durch
die Maßnahmen betroffenen Parameter, die Skala deren Änderungen und die
vorgeschlagenen. Einstellungsmöglichkeiten.

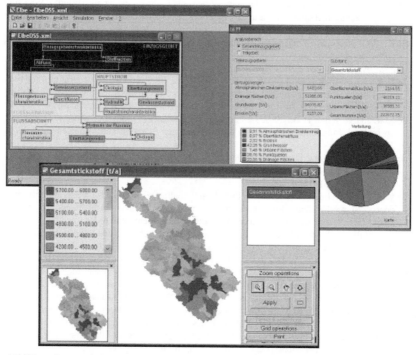

Abbildung 6: Ausschnitt der Benutzeroberfläche des Elbe-DSS

Literaturverzeichnis

ARGE-ELBE, 2002. Querbauwerke und Fischaufstiegshilfen in Gewässern 1.Ordnung des deutschen Elbeeinzugsgebietes – Passierbarkeit und Funktionsfähigkeit, Arbeitsgemeinschaft für die Reinhaltung der Elbe. http://www.argeelbe.de/wge/Download/Berichte/02Querb.pdf

BBR, 2004. INKAR PRO, Bundesamt für Bauwesen und Regionalplanung. http://www.bbr.bund.de/veroeffentlichungen/inkar_pro.htm

Behrendt, D.H., Huber, P., Opitz, D., Schmoll, O., Scholz, G. & Uebe, R., 1999. Nährstoffbilanzierung der Flußgebiete Deutschlands. UBA-Texte 75/99. Umweltbundesamt, Berlin.

Bergström, S., 1976. Development and application of a conceptual runoff model for Scandinavian catchments, SMHI Report RHO7, Norrköping, Sweden.

Bergström, S., 1996. The HBV Model. In: Singh, V. P. (Ed.) Computer Models of Watershed Hydrology, Colorado, USA.

Berlekamp, J., Graf, N., Hess, O., Lautenbach, S., Reimer, S. & Matthies, M., 2004. Integration of MONERIS and GREAT-ER in the Decision Support System for the German Elbe River Basin. In: Pahl-Wostl, C., Schmidt, S. & Jakeman, T., (Eds.) iEMSs 2004 International Congress: "Complexity and Integrated Resources Management". International Environmental Modelling and Software Society, Osnabrück.

BfG, 2003. Pilotphase für den Aufbau eines Enstscheidungsunterstützungssystem (DSS) zum Flusseinzugsgebietsmanagment am Beispiel der Elbe. Zwischenreport Phase 1. Bundesanstalt für Gewässerkunde, Koblenz.

BMU, 2002. 5-Punkte-Programm der Bundesregierung: Arbeitsschritte zur Verbesserung des vorbeugenden Hochwasserschutzes. http://www.bmu.de/de/1024/js/sachthemen/gewaesser/5_punkte_programm

de Kok , J.L., Wind, H.G., Delden, H. & Verbeek M., 2000. Towards a generic tool for river basin management, Feasibility assessment for a prototype DSS for the Elbe, Feasibility, report 2/3, Universität Twente, Enschede. (Online erhältlich: http://elise.bafg.de).

de Kok, J.L. & Wind, H.G., 2002. Designing rapid assessment models of water systems based on internal consistency. Journal of Water Resources Planning and Management, 128(4), 240-247.

de Kok, J. L. & Wind, H. G., 2003. Design and application of decision support systems for integrated water management: lessons to be learned. Physics and chemistry of the earth, part C, 28(14-15), 571-578.

de Kok, J. L. & Holzhauer, H., 2004. Pitfalls and challenges in the design and application of decisionsupport systems for integrated river-basin management. In Möltgen, J., Petry, P. (Eds.) Interdisziplinäre Methoden des Flussgebietsmanagements. IfGI prints 21, Münster.

Gerstengarbe F.-W. & Werner, P.C., 2004. Simulationsergebnisse des regionalen Klimamodells STAR. Abschlusskonferenz GLOWA-Elbe I, Potsdam-Institut für Klimafolgenforschung (PIK), 15-16 März 2004, Potsdam. http://www.glowa-elbe.de/pdf/abstraktb.pdf

Gömann, H., Kreins, P. & Julius, C., 2004. Perspektiven der Landwirtschaftung im deutschen Elbegebiet unter dem Einfluss des globalen Wandels – Ergebnisse eines interdisziplinären Modellverbundes. Abschlusskonferenz GLOWA-Elbe I, Potsdam-Institut für Klimafolgenforschung (PIK), 15-16 März 2004, Potsdam. http://www.glowa-elbe.de/pdf/abstraktb.pdf

Hahn, B., Engelen, G., Berlekamp, J. & Matthies, M., 2000. Towards a generic tool for river basin management, Feasibility assessment for a prototype DSS for the Elbe, IT framework, report 4. RIKS, Maastricht. (Online erhältlich: http://elise.bafg.de).

Hahn, B. & Engelen, G., 2000. Concepts of DSS Systems. In: Decision Support Systems (DSS) for river basin management. Bundesanstalt für Gewässerkunde, Report No. 4/2000, Koblenz, S. 9 – 44.

Hess, O., Schröder, A., Klasmeier, J. & Matthies, M., 2004. Modellierung von Schadstoffflüssen in Flusseinzugsgebieten. UBA-Texte 19/04, Umweltbundesamt, Berlin.

Krysanova, V., Bronstert, A. & Wohlfeil, D.-I., 1999. Modelling river discharge for large drainage basins: from lumped to distributed approach. Hydrological sciences journal, 44(2), 313 – 332.

Matthies, M., Berlekamp, J., Koormann, F. & Wagner, J. O., 2001. Georeferenced regional simulation and aquatic exposure assessment. Water science and technology, 43(7), 231-238.

Miser, H.J. & Quade, E.S. (1985). Handbook of systems analysis: overview of uses, procedures, and applications, and practice. John Wiley and Sons, Chichester.

Norwegian Ministry of the Environment, 2002. Bergen declaration: 5th International Conference on the Protection of the North Sea, 20-21 März 2002, Progress Report, Bergen, Norway. http://odin.dep.no/md/html/nsc/progressreport2002/Progress_Report.pdf

PIK, 2004. Abschlusskonferenz GLOWA-Elbe I, Potsdam-Institut für Klimafolgenforschung (PIK), 15-16 März 2004, Potsdam. http://www.glowa-elbe.de/abschlkonf.html

Statistisches Bundesamt, 2004. Bevölkerung Deutschlands bis 2050 – Ergebnisse der 10. koordinierten Bevölkerungsvorausberechnung. Statistisches Bundesamt – Pressestelle, Wiesbaden. http://www.destatis.de/presse/deutsch/pk/2003/Bevoelkerung_2050.pdf

Verbeek, M., van Delden, H., Wind, H.G. & de Kok, J.L., 2000. Towards a generic tool for river basin management, Feasibility assessment for a prototype DSS for the Elbe, Problem definition, report 1. Infram, Zeewolde. (Online erhältlich: http://elise.bafg.de).

Weingarten, P, 1995. Das Regionalisierte Agrar- und Umweltinformationssystem für die Bundesrepublik Deutschland (RAUMIS). In: Berichte über Landwirtschaft, Bd. 73(2), S. 272 – 302.

Werner, P.C. & Gerstengarbe, F.-W., 1997. A proposal for the development of climate scenarios. Climate Research, 8(3), 171-182.

André Assmann und Jessica Kempf

Wege zu einem dezentralen, integrierten Hochwasserschutz

Was bedeutet dezentral?

Über die Notwendigkeit von Hochwasserschutz ist man sich weitgehend einig. Zumindest da, wo hohe Sachwerte oder Leben zu schützen sind, kann auf Maßnahmen zum Hochwasserschutz nicht verzichtet werden. Dort wo eine Bebauung der Überflutungsflächen vermieden werden kann oder die Nutzung an ein Leben mit dem Hochwasser angepasst werden kann, sollte diese Chance auf jeden Fall genutzt werden.

Vielfach ist es jedoch nicht mehr möglich, die anthropogenen Einflüsse rückgängig zu machen oder an eine regelmäßige Überflutung anzupassen. In diesen Fällen wird eine Reduzierung der Hochwasserhäufigkeit und damit der Schadenswahrscheinlichkeit angestrebt. Jedoch sollte man sich bewusst sein, dass es auch bei einem hohen Schutzniveau (meist abgestimmt auf ein 100-jährliches Ereignis) immer noch einen Versagensfall geben kann. Hochwasserschutzmaßnahmen sollten daher nicht dazu verwendet werden, eine falsche Sicherheit vorzutäuschen oder gefährdete Flächen für hochwertige Nutzungen freizugeben. Diese Gefahr ist besonders bei großen Maßnahmen gegeben. Im weiteren sind größere Rückhaltebecken erst ökonomisch sinnvoll, wenn eine größere Siedlung oder ein Industriegelände zu schützen ist. Daher werden bei einer zentral orientierten Vorgehensweise beim Hochwasserschutz automatisch kleinere Ortsteile oder Einzelhöfe von der Vorsorge ausgeschlossen. Das Leitprinzip des dezentralen Hochwasserschutzes hingegen ist in der Rückhaltung von Oberflächenwasser am Ort der Entstehung gegründet. Um einen möglichst effektiven Hochwasserschutz zu gewährleisten, ist die Verteilung der Maßnahmen über das gesamte Einzugsgebiet notwendig.

Im Zusammenhang mit kleinen, dezentralen Rückhaltungen stellt sich die Frage, ob an sie die gleichen Sicherheitsanforderungen (Minimum-Freibord) zu stellen sind als an große Rückhaltebecken. Zum einen treten bei der Überströmung nur geringe Überfallhöhen auf, zum anderen ist das Risikopotential in Abhängigkeit vom Stauvolumen erheblich geringer. Zudem ist aufgrund der geringen Fläche z.B. kaum eine Angriffsfläche für den Wind gegeben. Werden die bestehenden Sicherheitsrichtlinien den Anforderungen der kleinen Rückhaltungen angepasst, können die anfallenden Kosten erheblich reduziert werden (vgl. BRANDT & LANG 1995). Zudem gibt es bei Kleinmaßnahmen aber auch die Möglichkeiten z.B. durch Sohlschwellen etc. Retentionsraum wieder zu aktivieren.

Was bedeutet integriert?

Hochwasserschutz wurde in der Vergangenheit meist als eine separate Aufgabe gesehen, die vorwiegend den wirtschaftlichen Interessen zu dienen hatte. Ökologische und auch ästhetische Aspekte wurden hierbei nur untergeordnet betrachtet. Da aber entsprechende Werte zunehmend an Gewicht gewonnen haben, ist heute die Durchsetzung einer Rückhaltemaßnahme ohne eine Betrachtung der ökologischen Folgen und der Veränderung des Landschaftsbildes nicht mehr möglich. Anstatt jedoch Verluste in diesem Bereich an anderer Stelle durch Ausgleichmaßnahmen zu kompensieren, bietet es sich an, die Ziele durch geeignete Maßnahmen zu verbinden. Neben der Integration der Maßnahmen in das Landschaftsbild soll auch eine Integration in andere Nutzungsformen gegeben sein, d.h., dass die für den Rückhalt ausgesuchten Flächen weiterhin ihrer bisherigen Nutzung zur Verfügung stehen oder aber multifunktional, wie z.B. mit dem Naturschutz kombiniert, genutzt werden können. Wenn also Hochwasserschutz gleichzeitig ökologischen Zwecken dient und dazu sich noch optimal in das Landschaftsbild einfügt, sollten die Maßnahmen auch leichter durchzusetzen sein.

Außerdem soll der dezentrale, integrierte Hochwasserschutz in einen gesamtheitlichen Planungsprozess eingebunden werden Je mehr unterschiedliche Interessen in eine Planung integriert werden, desto weniger Konflikte sind zu erwarten. Jedoch sollte der Aufwand eines solchen integrierten Planungsverfahrens nicht unterschätzt werden, da hierzu von Beginn an alle Interessengruppen am Planungsprozess beteiligt werden müssen.

Wichtig ist, dass eine Verständigung über Ziele und notwendige Kompromisse bereits erfolgt, bevor man auf einzelne Maßnahmen bzw. Standorte zu sprechen kommt. Dies führt zu einer Objektivierung der Diskussion und außerdem dazu, dass bei der Suche geeigneter Standorte die Ziele gleichgeordnet einbezogen werden.

Wenn hingegen die Diskussion über gemeinsame Ziele erst geführt wird, wenn bereits Detailplanungen vorliegen, ist oft eine erneute Standortdiskussion aus Kosten- und Prestigegründen nicht mehr möglich. Das Ergebnis sind dann Kompromisse, die noch weit vom eigentlich möglichen entfernt sind.

Unter dem Begriffe Integration werden somit die folgenden Bedeutungen subsummiert:

- Die optimale Einpassung der Maßnahmen ins ökologische Gefüge sowie ins Landschaftsbild.
- Die Einbindung in ein übergeordnetes Planungskonzept. Die Beteiligung verschiedenster Interessengruppen am Planungsverfahren.

Aus welchen Maßnahmen besteht ein dezentrales Hochwasserschutzkonzept?

Aus dem Begriff dezentral lässt sich kein absoluter Maßstab ableiten, er kennzeichnet vielmehr das Prinzip, möglichst weit oben im Einzugsgebiet anzusetzen. Insofern sollten aus einem dezentralen Konzept auch nicht Maßnahmen ab einer bestimmten Größe ausgeschlossen werden, vielmehr sollte man sich aber in jedem Fall fragen, ob eine Maßnahme durch mehrere, verteilt im jeweiligen Teileinzugsgebiet liegende ersetzt werden kann.

Ein dezentrales Konzept sollte also möglichst an den Ursachen ansetzten und nicht erst die Auswirkungen bekämpfen, wenn diese bereits ein Risiko oder doch zumindest ein Problem darstellen.

Das in Abb. 1 dargestellte Schema sollte als ein Grundbaukasten von Maßnahmen, die die unterschiedlichen hydrologischen und geomorphologischen Komponenten der Landschaft abdecken, verstanden werden. Diese sind nach Bedarf durch weitere Maßnahmen zu ergänzen und den jeweiligen Gegebenheiten des Einzugsgebietes anzupassen (vgl. ASSMANN 1999).

Jeder der einzelnen Bausteine ist auf einen bestimmten Prozess bzw. ein Prozessgefüge optimiert und dementsprechend auch seine Effektivität auf dessen Maßstabsbereich ausgerichtet. Um eine quantitative Aussage über die Wirksamkeit in Skalenbereichen außerhalb des Kernbereiches der eingesetzten Bausteine treffen zu können, müsste man zuvor die Probleme des up- und downscaling hydrologischer Prozesse in den Griff bekommen.

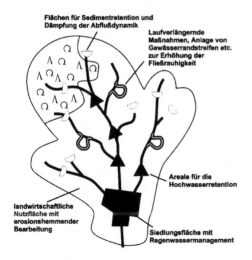

Abb. 1: Schema des dezentralen, integrierten Hochwasserschutzes und der Anordnung der einzelnen Konzeptbausteine im Gelände (Assmann 1999)

Abb. 2: Für einen Rückhalteraum geeigneter Standort, der rezent bereits mit geringer Höhe überflutet wird

Beispiel „Eppingen": Konzeptentwicklung und Planung

Das Konzept des dezentralen, integrierten Hochwasserschutzes wurde im Rahmen eines Hochwasserschutzprojektes an der Oberen Elsenz (Kraichgau) am Geographischen Institut der Universität Heidelberg entwickelt. Die Planung der Hochwasserschutzkonzeption wurde im Auftrag der Stadt Eppingen sowie durch die Förderung des wissenschaftlichen Nachwuchses vom Ministerium für Wissenschaft und Forschung Baden-Württemberg durchgeführt (ASSMANN ET AL. 1998).

Jede Hochwasserschutzkonzeption wir an ihrer Effektivität gemessen. Die Untersuchungen an der Oberen Elsenz (Kraichgau) haben gezeigt, dass mit dezentralen, integrierten Maßnahmen auch ein 100-jährlicher Hochwasserschutz gewährleistet werden kann (ASSMANN 1999). Dazu müssen jedoch die entsprechenden naturräumlichen Bedingungen erfüllt sein. Bei der Ermittelung des erreichbaren Rückhaltepotentials für die Obere Modau (Odenwald) konnte zwar das gleiche Rückhaltevolumen pro Fläche (10 000 m³/km²) erreicht werden, aufgrund des deutlich steileren Reliefs und der größeren Abflussmengen ist hier jedoch kein so hohes Schutzniveau zu erreichen (vgl. Kapitel 0, S. 117).

Neben dem Hochwasserschutz muss man in die Bewertung auch die Auswirkungen in Bezug auf die Sedimentretention und den Naturschutz einbeziehen. Insbesondere bei Ereignissen größerer Jährlichkeit ist der Sedimentrückhalt bei einem Anteil von bis zu 44 % der Gesamtfracht sehr wirksam.

Im Mittel der Messperiode von etwas über 4 Jahren hätte sich der Sedimentaustrag um ca. 35 % reduzieren lassen; es wurden hierfür über 50 Einzelmaßnahmen vorgeschlagen. Dabei sind die Flächen zur Sedimentrückhaltung effektiver als die größeren Retentionsarealen; erstere erreichen teilweise eine Rückhaltung von 90 % der einkommenden Fracht. Die vorwiegend zur Hochwasserretention im Bereich der Auen geplanten Retentionsareale halten zusätzlich durchschnittlich 40 % der einkommenden Fracht zurück.

Durch eine optimale Anordnung der Flächen zur Sedimentretention im Einzugsgebiet werden die am stärksten durch die Erosion betroffenen Bereiche erfasst und so der größte Teil des Retentionspotentials ausgeschöpft. Die errechnete Reduktion des Sedimentaustrags (SEDIMOT) beinhaltet zudem noch keine Maßnahmen, die direkt auf der Fläche getroffen werden. Durch angepasste Bewirtschaftungsmaßnahmen lässt sich der Oberflächenabfluss und damit der Bodenabtrag noch erheblich weiter reduzieren. Beregnungsversuche zeigen, dass auf bestimmten Lößböden sogar bei Niederschlägen größerer Jährlichkeit (>100) durch angepasste Bewirtschaftung kein Oberflächenabfluss mehr zu beobachten war (BIOPLAN, Sinsheim). Da das erodierte Material in lößbedeckten Einzugsgebieten vor allem in Form von Aggregaten transportiert wird, die mit zunehmender Transportstrecke zerstört werden, ist das Retentionspotential umso größer, je näher man mit Maßnahmen am Entstehungsort ansetzt. Durch den Sedimentrückhalt werden die Vorfluter deutlich entlastet, die bisher in regelmäßigen Abständen notwendigen Ausbaggerungen an Gerinnen können reduziert werden und damit erhebliche Kosten gespart werden. Diese treten umso mehr in Erscheinung, wenn die Sedimente bereits durch weitere Abwässer verunreinigt sind und nicht mehr problemlos entsorgt werden können. Aber auch Hochwasserfolgeschäden durch Schlammablagerungen werden so erheblich reduziert. Sofern der Sedimentrückhalt bereits auf der Fläche ansetzt, werden auch die Ernteverluste durch Abspülung bzw. Verschlämmung der Pflanzen reduziert und daneben als ein kaum zu bezifferndem Wert auch der Boden als Bewirtschaftungsgrundlage erhalten.

Beispiel „Modau": Großräumige Potentialabschätzung

Als ein erster wichtiger Schritt zur großräumigen Abschätzung des Rückhaltepotentials wurde an der Universität Heidelberg in einer Untersuchung an der oberen Modau (Odenwald) eine vereinfachte Methodik zur Ermittlung von Retentionsräumen erarbeitet. In diesem vom hessischen Umweltministerium geförderten Projekt wurde ein computergestütztes Verfahren entwickelt, das, basierend auf dem Geographischen Informationssystems ArcInfo, die Standortsuche für Maßnahmen des dezentralen, integrierten Hochwasserschutzes vereinfacht.

Eine solche Vereinfachung des Planungsverfahrens ist vor allem hinsichtlich der Bearbeitung größerer Regionen notwendig, denn nur durch eine weitgehend automatisierte Abschätzung des Rückhaltepotentials lässt sich ohne größere Investitionen abschätzen, ob in einer bestimmten Region eine dezentrale Hochwasserschutzkonzeption erfolgversprechend ist und welche Schutzziele erreichbar sind.

Bei der Untersuchung wurde eine dreistufige Vorgehensweise (siehe Abb. 3) erarbeitet, die für eine Bearbeitung weiterer Gebiete empfohlen wird.

Die erste Stufe beinhaltet eine Aufarbeitung und Auswertung der digital vorliegenden Daten. Für diese Bearbeitung wurden AML-Programme (Makrosprache des GIS ArcInfo) erstellt, die die flächigen Parameter wie z.b. Rauhigkeitsbeiwerte, Vernässungserscheinungen, Erosionsgefährdung, Wegnähe, Rückstaugefährdung etc. für das Untersuchungsgebiet ermitteln. Bei Bedarf lassen sich die an der Modau verwendeten Parameter Menü-gestützt an andere naturräumliche Gegebenheiten oder Anforderungen anpassen. Das Ergebnis dieses Planungsschrittes ist eine digitale Karte. Auf dieser können durch den Benutzer interaktiv die am besten geeigneten Standorte ausgewählt und für diese dann weitere punktuelle Parameter errechnet werden (Stufe 2). Hierdurch ist eine weitere Eingrenzung der potentiellen Standorte möglich. Außerdem erhält man wichtige zusätzliche Informationen über den Standort (Teileinzugsgebietsgröße, potentielles Stauvolumen etc.), die für die weitere Bearbeitung eine wichtige Grundlage bilden. In einem letzten Schritt (Stufe 3) müssen die selektierten Standorte im Gelände überprüft werden. Mit Hilfe des erarbeiteten Kartierbogens können gezielt noch weitere wichtige Parameter erhoben werden. Nach der Übertragung in eine parallel dazu erstellte Datenbank erfolgt dort die automatisierte Auswertung sämtlicher Daten und die Ausgabe in die Kurzbeschreibungen der potentiellen Retentionsstandorte. Diese bieten eine solide Grundlage für den Entscheidungsprozeß und die Umsetzung der Maßnahmen. Durch die dreistufige Datenerfassung wird der Arbeitsaufwand auf das notwendige Maß reduziert und dabei ein Optimum an Informationen gesammelt. Dieser Informationsgehalt kann weder durch das GIS-Verfahren noch durch die Kartierung alleine erreicht werden.

Abb. 3: Minimierung des Arbeitsaufwandes durch mehrstufiges Verfahren zur Standortauswahl

Ist durch die Maßnahmen ein definiertes Schutzniveau anzustreben, müssen die Maßnahmen auf jeden Fall mit Hilfe eines hydrologischen Modells aufeinander abgestimmt werden (Dimensionierung des Grundablasses etc.), da nur so eine optimierte Wirksamkeit zu erreichen ist. Die schwerwiegendste Einschränkung für das Auswahlverfahren ist durch die teilweise nicht ausreichende Qualität der Grundlagendaten gegeben. Einzelne Parameter, wie die Berechnung der Rückstaugefährdung, sind hier relativ sensibel und liefern weniger zuverlässige Ergebnisse, die auf jeden Fall im Gelände zu überprüfen sind. Durch die fortschreitende Verbesserung der Datenqualität wird entsprechend auch die Aussagekraft der GIS-gestützten Standortsuche vergrößert.

Trotz dieser bisherigen Einschränkung ist das Verfahren ein sicherer und schneller Weg, das Potential für den dezentralen, integrierten Hochwasserschutz in einem Einzugsgebiet zu erfassen, sowie die relevanten Standorte zu beschreiben und in ihrer Eignung zu bewerten.

Beispiel „Schwaigern": Bedeutung landwirtschaftlicher Maßnahmen

In Schwaigern, das wie Eppingen (siehe Kapitel 0, S. 116) im Kraichgau liegt, wurde im Rahmen eines IRMA-Projektes die Anwendung verschiedener landwirtschaftlicher Praktiken (Mulchsaat, Direktsaat, Zwischenfrucht etc.) und deren Auswirkungen auf das Abflussgeschehen untersucht.

Das Untersuchungsspektrum umfasste Beregnungsversuche, eine Ökonomische Modellierung, Niederschlag- / Abfluss-Messungen und eine Visualisierung des Abflussgeschehens. In der im Rahmen von Interreg IIIb geförderten internationalen Fortführung (AMEWAM – Agricultural measures for water management and their integration into spatial planning) wird das Untersuchungsprogramm um eine detaillierte Modellierung von Abflussgeschehen und Bodenerosion mit Hilfe der ArcView Extension FloodArea und mit dem hydrologischen Modell LISEM erweitert. Zudem soll durch den längeren Untersuchungszeitraum eine zuverlässigere Datenbasis erreicht werden.

Die bisherigen Ergebnisse lassen eine gute Wirksamkeit der Maßnahmen erwarten, zumindest traten bei den beiden größten Ereignissen keine Probleme auf. Der größte Niederschlag hatte hierbei nach KOSTRA eine Jährlichkeit zwischen 20 (1 h: 41,9 mm) und 100 Jahren (30 min: 39,3 mm). Ein Beispiel für die Effektivität der Maßnahmen sei hier noch aufgeführt: die Querhäufelung bei Kartoffeln (siehe Abb. 4) (Unterbrechung der Furchen durch kleine Querwälle) führte zu einer vollständigen Infiltration einer 100-jährlichen Niederschlagsmenge nach 80 min. Hier tritt neben das Vermeiden von Hochwasserschäden auch noch der positive Effekt der ausreichenden Wasserversorgung für die Vegetationsperiode.

Abb. 4: Querhäufelung bei Kartoffeln

Die Kosten der Maßnahmen entsprechen dabei denen eines kleinen Rückhalte-
beckens; in die ökonomischen Betrachtungen nicht einbezogen wurde der durch
den Erosionsschutz erreichte Mehrwert bei den landwirtschaftlichen Maßnahmen. Hierzu gehören zum einen der Verlust an Boden als Produktions-
grundlage sowie die Kosten für Kanalreinigung und vergleichbare Arbeiten.
Die Beregnungsversuche offenbarten sehr starke Unterschiede bei der Abfluss-
bildung unter gleicher Kultur, Anbaumethode und Bodentyp. Dabei zeigte sich
eine deutliche Korrelation zwischen hohem Tongehalt im Löss und geringerem
Abfluss. Im Weiteren ist besonders die Lößmächtigkeit für das Rückhalte-
potential von großer Bedeutung.
Die bei den Beregnungsversuchen ermittelten Infiltrationskurven dienen zudem
der Verifizierung der Modellrechnungen.

Beispiel „Sulzfeld": Planung und Modellvergleich

Im Rahmen des o.g. AMEWAM-Projektes wird in Sulzfeld die Erstellung eines
dezentralen, integrierten Hochwasserschutzkonzeptes als Teilprojekt durchgeführt. In Sulzfeld, das ebenfalls im Kraichgau liegt, zeigt sich deutlich, wie
wichtig eine detaillierte Einzugsgebietsbetrachtung ist. Das Einzugsgebiet hat
trotzt eines sehr hohen Waldanteils massive Hochwasserprobleme. Hohe Relief-
energie, eine durch Runsen und hangabwärts verlaufende Wege bedingte Konzentration des Oberflächenwassers führen in der Kombination mit Tonböden zu
hohen Abflussbeiwerten und kurzen Reaktionszeiten des Einzugsgebietes.

Die Auswahl der Standorte für kleine Rückhaltemaßnahmen erfolgte mit Hilfe verschiedener GIS-Parameter und einer anschließenden Detailkartierung. Aus ungefähr 60 potentiellen Standorten auf einer Fläche von 9 km² sind nach dem Abstimmungsprozess mit Gemeindeverwaltung, Flurneuordnung und Gewässerdirektion noch ungefähr die Hälfte für eine potentielle Umsetzung verblieben. Teilweise mussten hier deutlich Kompromisse eingegangen werden. Beispielsweise wurden zwei Maßnahmen durch eine Kaskade von 3 Rückhalteflächen mit einem Rückhaltevolumen von 3710 m³ in einem der beiden kleinen Seitentälchen in stärkerer Hanglage ersetzt. (siehe Abb. 5). An anderen Stellen mussten Einzelmaßnahmen komplett entfallen. Dennoch können wahrscheinlich die gewünschten Ziele noch weitgehend erreicht werden.

Die Ausgestaltung und Prioritätsliste der Maßnahmen erfolgt anhand der Modellergebnisse. Zum Einsatz kommt zusätzlich zu dem bisherigen Modell FloodArea das Modell LISEM, das zum einen durch seinen flächendetaillierten Ansatz die Konzentrationsphänomene gut nachvollziehen kann, zum anderen eine Bodenerosionskomponente enthält. LISEM ist ein physikalisch-basiertes Ereignismodell, das die unterschiedlichen Landnutzungsformen sowie unterschiedliche landwirtschaftliche Anbaumethoden wie z.B Mulchsaat berücksichtigen kann. Entsprechende Aussagen sind vor allem hinsichtlich der Onsite-(Ertragsverluste) wie Offsite-Schäden (Kanalreinigung etc.) relevant.

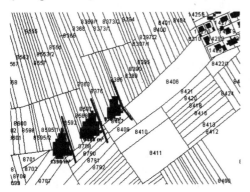

Abb. 5: Kaskade von 3 Rückhalteflächen

Der Einsatz eines zweiten Modells (FloodArea) mit einem Ansatz über einen variablen Abflussbeiwert dient zum einen dazu, schneller Ergebnisse zu erhalten und zum anderen den Fliessprozess zu visualisieren. Auch gewisse Defizite von LISEM wie eine unveränderliche Fliessrichtung lassen sich bei FloodArea besser abbilden, da hier der Abfluss auf mehrere Nachbarzellen verteilt werden kann und auch Rückstauphänomene etc. abgebildet werden.

In einer ersten Berechnung wurde das reale Regenereignis vom März 2002 (Ereignis März 2002) und ein 100jährliches Hochwasserereignis (HQ 100, Ist) simuliert, dessen Ergebnisse in Abb. 6 wiedergegeben werden. Die Abbildung spiegelt wider welche Auswirkungen eine Umsetzung der vorgeschlagenen Maßnahmen (HQ 100, Plan 1) auf das Abflussgeschehen zur Folge hätte.

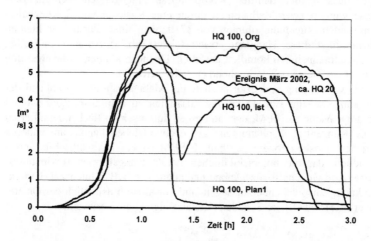

Abb. 6: Erste Modellergebnisse von FloodArea

Die Ergebnisse der beiden Modelle stimmen bei der bisher gerechneten Variante des Ist-Zustandes sowohl bezüglich der Abflussmenge als auch dem Verlauf der Ganglinie sehr gut überein.

Besonderheiten dezentraler Planungen

Bei dezentralen Retentionsmaßnahmen hat, wie bei konventionellen Maßnahmen, das erreichbare Stauvolumen große Bedeutung. Da jedoch in dezentralen Konzeptionen versucht wird, ohne größere Rückhaltebauwerke auszukommen, wird das zu erreichende Volumen hauptsächlich durch die Reliefposition vorgegeben. Das erreichbare Stauvolumen kann auch bei dem Eindruck nach kaum unterschiedlichen Standorten extrem variieren. Neben dem Retentionsvolumen sind alle Faktoren, die den weiteren Zielen wie dem Sedimentrückhalt oder dem Naturschutz dienen, ebenso in die Standortauswahl einzubeziehen. Unter dem Gesichtspunkt der Umsetzbarkeit sind zudem Nutzungskonflikte, evtl. Rückstaugefährdung und anfallende Kosten zu betrachten.

Probleme und Lösungswege bei der Umsetzung

Bisher werden derartige Ansätze nur vereinzelt und meist im Rahmen von Untersuchungen bzw. Pilotstudien umgesetzt. Gegen eine stärkere Verbreitung sprechen weniger inhaltliche Gründe als Unsicherheiten mit den rechtlichen Grundlagen. Ein großes Hindernis dabei ist, dass kleine Rückhalte mit einem Rückhaltevolumen von wenigen 1000 m³ nicht gesondert im Regelwerk erfasst sind. Dementsprechend gelten für sie die gleichen Sicherheitsauflagen wie für kleine Rückhaltebecken. Die Genehmigung von Kleinmaßnahmen und die damit verbundenen Auflagen sind somit in einer Grauzone angesiedelt und sehr von der Beurteilung der jeweiligen Fachbehörden abhängig.

Werden die gleichen Anforderungen an Kleinmaßnahmen gestellt wie an die meist erheblich größeren Rückhaltebecken, bedeutet dies aufgrund der erheblich größeren Kosten meist das Aus für dezentrale Konzepte.

Hingegen ist eine Genehmigung eher möglich, wenn die anderen Effekte solcher Maßnahmen in den Vordergrund gestellt werden (Sedimentrückhalt, Grundwasseranreicherung). Hierbei ist dann jedoch eine Förderung durch die Wasserwirtschaft weitgehend ausgeschlossen.

Weiterhin wird der Nachweis der Wirkungsweise oft in Frage gestellt. Die Problematik hierbei ist, dass solche Kleinmaßnahmen durch die bisher üblichen hydrologischen Modelle nicht sinnvoll abzubilden sind. Die Schwierigkeiten entstehen dadurch, dass sich dezentrale Rückhalte sehr stark an den abflusswirksamen Flächen und der Abflusskonzentration orientieren, diese jedoch in über ein Teileinzugsgebiet gemittelten Parametern nicht genügend Gewicht erhalten.

Außerdem gibt es für Maßnahmen wie Nutzungsänderungen keine Parametersätze, so dass diese kaum zu integrieren sind.

Der Ausweg aus diesem Dilemma ist der Einsatz flächendetaillierter Modelle. Durch die inzwischen teilweise vorliegenden Laserscan-Geländemodelle ist eine der wichtigen Datengrundlagen heute in erheblich besserer Qualität verfügbar als noch vor wenigen Jahren. Nach wie vor ist jedoch der Datenbedarf für flächendetailliertere Modelle meist erheblich höher als für die konventionellen Modelle, für die meist die in der TK25 dargestellten Inhalte ausreichen.

Viele Einzelstandorte und damit viele Eigentümer erhöhen zum einen den Planungsaufwand und schaffen zusätzliche Probleme bei der Realisierung. Hierbei ist ein umfassender Meditationsprozess unumgänglich, deutlich besser werden die Chancen jedoch, wenn die Planung in ein Flurbereinigungsverfahren eingebettet werden kann.

Zusammenfassung

Mit den Maßnahmen des dezentralen, integrierten Hochwasserschutzes lässt sich vielfach ein effektiver Hochwasserschutz erreichen. Daneben sind auch für Boden- und Naturschutz erhebliche Verbesserungen erreichbar. Durch die modulare Bauweise des Konzeptes lässt es sich an die jeweiligen Bedürfnisse eines Naturraumes optimal anpassen. Bezüglich des Schutzniveaus ist anzumerken, dass die Maßnahmen zwar auf hohe Jährlichkeiten abgestimmt werden können, jedoch kurze Dauerstufen im Vordergrund stehen und somit ihre überregionale Wirkung nur gering ist. Die Effizienz bezüglich der Schadensminimierung sollte jedoch nicht unterschätzt werden, da der Anteil von Schäden in kleinen Einzugsgebieten fast die Hälfte der Gesamtschäden ausmacht.

Jedoch werden durch die Einbindung verschiedener Ziele hohe Anforderungen an die Standortauswahl gestellt. Um den Planungsaufwand zu reduzieren werden verschiedene GIS-Verfahren eingesetzt. Die große Anzahl von Einzelstandorten erschwert aber die Umsetzung deutlich, so dass eine Umsetzung nur langfristig (Stück für Stück im Zusammenhang mit anderen Maßnahmen) oder im Rahmen eines Flurneuordnungsverfahrens realistisch erscheint.

Durch den Einsatz flächendetaillierter Modelle werden auch Kleinmaßnahmen und die in kleinen Teileinzugsgebieten relevanten Prozesse abgebildet. Aussagen bezüglich der Bodenerosion sind ein erster Schritt, um die positiven Nebeneffekte zu quantifizieren. Weitere Aspekte wie Effekte auf die Biotopvernetzung lassen sich nur unscharf erfassen, sollten aber bei den Planungsentscheidungen berücksichtigt werden.

Literatur

ASSMANN, ANDRÉ; GÜNDRA, HARTMUT; SCHUKRAFT, GERD; SCHULTE, ACHIM (1998): Konzeption und Standortauswahl bei der dezentralen, integrierten Hochwasserschutzplanung für die Obere Elsenz (Kraichgau). In: Wasser und Boden 8/98, S. 15-19

ASSMANN, ANDRÉ (1999): Die Planung dezentraler, integrierter Hochwasserschutzmaßnahmen - mit dem Schwerpunkt der Standortausweisung von Retentionsarealen an der Oberen Elsenz, Kraichgau. In: Schriftenreihe des Landesamtes für Flurneuordnung und Landesentwicklung Baden-Württemberg, Heft 11. Kornwestheim

BRANDT, THIELE; LANG, JÜRGEN (1995): Sicherheitsbetrachtung für kleinere Hochwasserrückhaltebecken. In: Wasser und Boden Heft 12/1995, S. 18-22

Prof. Dr. Volker Lüderitz and Dipl.-Ing. Uta Langheinrich

The ecological potential of artificial and heavily modified waterbodies - opportunities of ecotechnology

The European Water Framework Directive (WFD, EU 2000) has set the legal framework for the sustainable management of water resources for the next decade. This offers a good basis for the implementation of integrated strategies for a sustainable protection and development of water bodies.

For surface waters, the overall aim of the WFD is that member states achieve a "good ecological and chemical status" (GES) in all surface water bodies by 2015. The GES means that chemical and biological quality components show only small anthropogenic deviations from the natural status of the corresponding type of river, stream or lake.

Some water bodies may not achieve this objective. Under certain conditions, the WFD permits member states to identify and designate AWBs (Artificial Water Bodies) and HMWBs (Heavily Modified Water Bodies). It is also possible to assign less stringent objectives and extend the time frame for achieving the objectives.

Identification and designation of AWBs and HMWBs

HMWBs are bodies of water which <u>are substantially changed in character</u> as a result of <u>physical alterations by human activity</u> and cannot, therefore, reach the GES (Borchardt 2003).
In this context:
- <u>Physical alterations mean</u> changes to the hydromorphological characteristics of a water body
- A water body that is <u>substantially changed in character</u> is one that has been subject to major long-term changes in its hydromorphology as a consequence of maintaining the specific uses listed in Article 4 (3). In general these hydromorphological changes alter morphological and hydrological characteristics.

AWBs are surface water bodies which have been created in a location where no water body had previously existed and which have not been created by the direct physical alteration, movement or realignment of an existing water body. Member states may designate surface water bodies that have been physically altered to the extent that they are "substantially changed in character" or that have been "created by human activity" as HMWBs or AWBs respectively. These designations are subject to the conditions specified in Article 4 (3).

The first condition is that the specified uses of the water body (i.e. navigation, hydropower, water supply, or flood control) or the "wider environment" are significantly adversely affected by the restoration measures required to achieve a good ecological status.

The second condition is that there are no significantly better environmental options that are also technically feasible and cost effective for delivering the specified use.

After designation as a HMWB or AWB, it is necessary to define the reference conditions and set the environmental quality objectives. The reference condition for HMWBs and AWBs, the Maximum Ecological Potential (MEP), is defined with reference to the type of natural water body that is most similar to the HMWB / AWB. On this basis, the Good Ecological Potential (GEP) is to be defined as the environmental quality objective.

In this study, we want to answer the question of how high the MEP and GEP can be and how they can be achieved. For this, we use the example of the very common drainage canals and ditches in northern German fens, which have a total length of more than 100000 km. Thus they also represent the majority of all types of ditches (Table 1) in the group of HMWBs and AWBs.

Type	Characteristics	Distribution	Typical vegetation
"Normal" drainage ditches	Perennial; stagnant or slowly flowing	Lowlands, fens	Hydrophytes of stagnant water bodies *(Myriophyllum spp., Potamogeton spp., Ranunculus spp.)*
Flowing drainage and irrigation ditches	Perennial; slowly flowing	River marshes, floodplains	Stream reeds, *Potamogeton pectinatus, Ranunculus peltatus*
Energy ditches	Perennial; bypass to streams, rivers	Mountains, lower mountains	*Ranunculus fluitans, R. peltatus, Potamogeton pectinatus*
Turbid (loamy) ditches	Perennial	Floodplains, marshes, loess landscapes	*Sparganium emersum, Nymphaea alba, Nuphar lutea*
Valley side ditches	Perennial, dominated by groundwater, clear, cold	Sides of terraces, hilly landscapes	*Ranunculus peltatus, Hottonia palustris*

Table 1:   Classification of ditches as a special type of AWB and HMWB (Remy 2001)

Drainage ditches as a special type of AWB and HMWB

Up until the present, canals and ditches in Europe have been used to drain and thus devastate fens. However, in many cases, their function can be changed from drainage to irrigation and re-watering of previously drained areas (Langheinrich et al., in press). These systems of canals and ditches are characteristic elements of the historically developed cultural landscape.

They have a high ecological importance because only a very low percentage (<
5%) of natural streams, rivers and ponds have "survived" in the agricultural
landscapes of the German lowlands. This means a loss of primary aquatic biotopes or a marked decrease of their ecological quality.

To some extent, ditches display a structural diversity and biodiversity comparable to lowland brooks. When the water quality is good, they can serve as
refuges and replacement habitats for biotic communities of small rivers and
ponds. Furthermore, systems of ditches can be understood as networks of linear
ecosystems with an importance for linking biotopes (Langheinrich et al., in
press). Such a network has been created over centuries in the Drömling Nature
Park, which has been the main subject of our studies (Fig. 1, Fig. 2). We have
monitored 15 of these canals and ditches (reaches with a length of 100 m) over
10 years with an intensive program that includes water chemistry, hydromorphology, macroinvertebrates, and macrophytes.

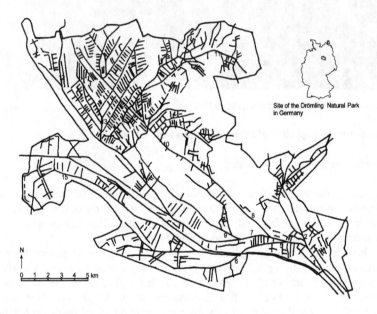

Site of the Drömling Natural Park
in Germany

Fig. 1: System of canals and ditches in the Drömling Nature Park

Fig. 2: Typical ditches in the Drömling Nature Park

Methods for ecological evaluation of canals and ditches

Unspecific parameters and indices

Until today, there have been methodological difficulties in the ecological evaluation and management of ditches and canals because of their intermediate character between flowing and stagnant water bodies. This hampers a comparison with the natural reference conditions (Leitbild).

Thus, in a former study (Langheinrich et al., in press), we identified hydromorphological and biological parameters which are usable to assess the ecological quality of canals and ditches (Table 2). Meanwhile, in contrast to natural streams, only a few morphological parameters (in particular bank steepness, substrate diversity and stream velocity diversity) have a real influence on habitat quality.

The degree of course-bending, bend erosion and variation in width, for example, are contrary to the purpose of the water bodies for drainage or irrigation, and thus cannot be used as parameters. Among the biological parameters, the Conservation Index (CI, Kaule 1991), which is a measure of the number of endangered species occurring in the water body, has the highest expressiveness. This index shows a good correlation with the total number of plant and macroinvertebrate species: Rich biological communities normally also contain rare species (Langheinrich et al., in press).

High	Average	Low
Biology / ecology: Conservation index (CI) Species number MI Plant species number	Biology / ecology: Trophic index of macrophytes Saprobic index (SI)	Biology / ecology: Diversity index
Stream morphology: Bank steepness Substrate diversity Diversity of stream velocity	Stream morphology: Structure of surroundings Depth of bed Hydraulic structures	Stream morphology: Longitudinal development

Table 2:   Parameters for evaluation of HMWBs (canals and ditches) - degree of expressiveness

Specific parameters according to reference conditions

Of course, a description and evaluation using only a number of relatively unspecific parameters does not fulfill the needs of an integrated ecological assessment. The MEP as a measure of ecological integrity can be estimated only by comparison with a natural reference type of water body. Despite all the difficulties resulting from the unnatural origin of canals and ditches, we identified the semi-mineralic type stream of floodplains and moorlands (Teilmineralisch geprägte Fließgewässer der Flussniederungen und Moorgebiete, Type no. 9, Sommerhäuser and Schuhmacher 2003) as a usable reference type (Table 3). In terms of the WFD, this type is equivalent to the "very good ecological status" (VGES).

Characteristic	Description
Water landscape	Lowlands, especially fens and floodplains
Geology / pedology	Bed consisting of organic substrates (peat, leaves, macrophytes) as well as sand and gravel
Hydrology / run-off	Groundwater level always high; therefore low fluctuations in run-off
Flow	Uniform and slow flow, turbulence is rare
Course bending	Stream course bent, sometimes meandering; many tributaries
Substrate diversity	High diversity of organic materials, low diversity of mineral materials
Bank structure	Diverse bank structures by close offset between water body and surroundings
Macroinvertebrates	Rich in species and individuals; organisms with a preference for slowly flowing water bodies and for macrophytes and woody debris are dominant. Examples: *Viviparus viviparus, Gammarus roeseli, Haliplus fluviatilis, Leptophlebia marginata, Glyphotaelius pellucidus, , Limnephilus rhombicus, Phryganea grandis, Neureclipsis bimaculata, Calopteryx splendens, Libellula fulva*
Macrophytes	Examples: *Potamogeton spp., Sparganium emersum, Myriophyllum spp., Nuphar lutea, Polygonum amphibium, Stratiodes aloides, reeds and sedges*

Table 3: Reference conditions (Leitbild) for semi-mineralic type streams in the German lowlands

As with canals and ditches, this stream type is characterized by uniform, slow flow and a bed that consists of organic materials, sand and gravel. Assemblages of macrophytes are well developed; they are the main habitats for macroinvertebrates. For this reason, we can conclude that a canal or ditch with ecological characteristics that are close to this type can be assessed with a GEP.

In this study, we compared the sampled canals and ditches with the reference type using macroinvertebrate communities and their ecological structure. Parameters that describe the ecological structure include longitudinal distribution, stream preferences, habitat preferences and functional feeding groups.

Results of the ecological assessment of canals and ditches in the Drömling Nature Park – GES or GEP?

Surprisingly, our results have shown that most of the sampled water bodies have such a good ecological quality that, in some cases, they could not only be evaluated with a GEP but also with a GES:

- 13 of these HMWBs show a Saprobic index of II which is adequate for the GES.
- 7 of them are evaluated with a Conservation index of 9 (nationally important, VGES), 5 with a CI of 8 (supraregionally important, GES).
- 11 of them have a hydromorphological grade of 4 (moderate, GEP).

A comparison of the macroinvertebrate communities in the reference type with those in the sampled water bodies supports this assessment:

- Like in the reference type, macroinvertebrates in the Drömling canals and ditches prefer hyporhitral and epipotamal conditions, although most of them like littoral habitats (banks) (Fig. 3).

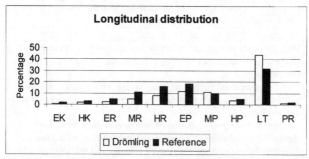

Fig. 3: Longitudinal preferences of aquatic macroinvertebrates in Drömling in comparison with reference conditions (EK – Epikrenal, HK – Hypokrenal; ER – Epirhithral, MR – Metarhithral, HR – Hyporhithral, EP – Epipotamal, MP – Metapotamal, HP – Hypopotamal, LT – Littoral, PR – Profundal)

- Only small differences also exist in the case of stream preferences. Most species are rheo/limnophillic, limnophillic or indifferent with respect to flow velocity. True rheophillic organisms are rare because of the low flows.

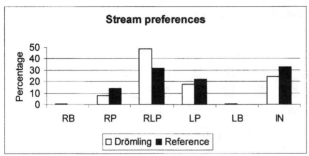

Fig. 4: Stream preferences of aquatic macroinvertebrates in Drömling in comparison with reference conditions (RB – rheobiont, RP – rheophillic, RLP – rheo-/limnophillic, LP – limnophillic, LB – limnobiont, IN – indifferent)

- A high similarity was also found for habitat preferences: The rich and dense occurrence of macrophytes causes the dominance of macro-invertebrates that use these plants as their habitat; settlers of mud and organic particles are the next most strongly represented group.

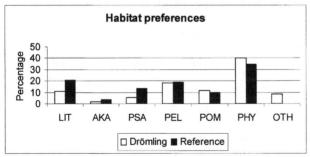

Fig. 5: Habitat preferences of aquatic macroinvertebrates in Drömling in comparison with reference conditions [LIT – lithal (e.g. stones), AKA – akal (e.g. gravel), PSA – psammal (e.g. sand), PEL – pelal (e.g. mud), POM – particles of organic material (e.g. branches), PHY – phytal (e.g. plants), OTH – other]

- Last but not least, the functional feeding groups are characterized by the dominance of predators, sediment eaters, shredders and grazers. The percentage of sediment eaters in the Drömling water bodies is only half of that in the reference type.

- This indicates a good oxygen supply in canals and ditches. All other groups in Drömling are also similar to the corresponding groups in the reference type.

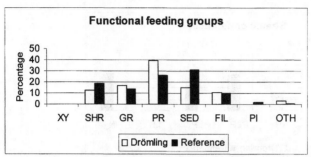

Fig. 6: Functional feeding groups of aquatic macroinvertebrates in Drömling in comparison with reference conditions (XY – xylophages, SHR – shredders, GR – grazers, PR – predators, SED – sediment eaters, FIL – filtering collectors, PI – piercers, OTH – other)

Altogether, all parameters and indices in our results indicate that canals and ditches as AWBs or HMWBs can reach a GEP which is comparable with a GES even if the hydromorphology is moderately disturbed! Of course, there is a legal difference between AWBs/HMWBs and natural water bodies, but this difference does not necessarily mean that AWBs/HMWBs have a lower ecological value. AWBs/HMWBs can be important biotopes and an enrichment of the landscape.

Conclusions for maintenance and management

Our experience in the Drömling Nature Park clearly shows the prerequisites for reaching and maintaining the GEP/ GES. This requires low-impact management with an ecological engineering approach! Some strategies and measures are mentioned below:
Design of hydromorphology:
- The unnatural origin of these water bodies does not allow a complete „renaturalization"; natural succession would cause most of these water bodies to disappear over a few decades.
- A decrease in bank steepness leads to increases in shallow flooded areas. This provides a greater and (in most cases) more diverse habitat for organisms with a preference for the phytal zone. Enriching the soil substrate with different structures has the same effect.
- Raising the bed promotes the general aim of increasing groundwater levels as well as protecting native fen structures and allowing them to develop.

- Removing or altering hydraulic structures enhances the ecological permeability, although the influence of such structures seems to be less than in natural streams.

Maintenance:

- To avoid natural succession that would lead to special, poor reed assemblages and, in most cases, disappearance of these water bodies, it will generally be necessary to remove vegetation occasionally.
- Bi-annual removal of vegetation on only one bank can promote the development of species with longer life cycles like Anisoptera.
- Prevention zones serve as habitats and shield the water body against the influences of land use. This is visible in sectors in the Drömling Nature Park where a continuous prevention zone supports the establishment of species-rich plant and macroinvertebrate communities.

These strategies and measures have been successful because of a fundamental change in the function of the canals and ditches since the area was declared a nature park in 1990: The role of drainage has decreased and canals and ditches are increasingly being used to irrigate re-watering areas. Furthermore, the important role of the water bodies as links between biotopes and as refuges for endangered species according to the European Habitat Directive has been emphasized in the ordinance on the nature park and in the management and development plan. The ordinance and the plan promote a change in land use to extensive pasture with naturally growing biomass for power generation, ecological tourism and as a sink for C, P and N. The European Union and the Federal Government financially support this change in land use.

References

Borchardt, D. (2003): Provisional identification of the river Main as a heavily modified water body in terms of the water framework directive (WFD). Internet Research Report. www.uni-kassel.de

EU (2000): Richtlinie 2000/ 60/ EG des Europäischen Parlamentes und des Rates vom 23. Oktober 2000 zur Schaffung eines Ordnungsrahmens für Maßnahmen der Gemeinschaft im Bereich der Wasserpolitik. Amtsblatt der Europäischen Gemeinschaften L 327.

Kaule, G. (1991): Arten- und Biotopschutz. UTB Große Reihe. Verlag Eugen Ulmer, Stuttgart.

Langheinrich, U., Tischew, S., Gersberg, R. M., Lüderitz, V. (in press): Ditches and canals in management of fens: Opportunity or risk? A case study in the Drömling Natural Park, Germany. Wetlands Ecology and Management.

Sommerhäuser, M., Schuhmacher, H. (2003): Handbuch der Fließgewässer Norddeutschlands. Ecomed, Landsberg.

Dr. Claudia R. Binder

**What can Material Flux Analysis Contribute to Ecological Engineering?
Examples from a Developing Country**

Introduction

Material Flux Analysis (MFA) is a method to describe and analyze the metabolism of e.g., industries and regions. It analyzes the flux of different materials
through a defined space, within a certain time. An MFA system is defined by a
system border, processes, goods and materials, and fluxes of goods and materials between the different processes. The proportion of the fluxes out of a specific process is defined by transfer-coefficients (Baccini & Brunner 1991;
Baccini & Bader 1996).

The method of material balancing was for the first time applied to study
the metabolism or physiology of cities by Wolman in 1965. This study was
followed by others studies in Brussels (Duvingneaud & Denayeyer-de Smet,
1975) and Hong-Kong (Newcombe et al., 1978)[1] Since then, in developed
countries, MFA has been applied to understand systems, such as densely popu-
lated regions (Brunner & Baccini, 1992; Daxbeck et al., 1997) and industries
(Ayres, 1978; Henseler et al., 1995). MFA has also been applied to trace
pollutants through watersheds or urban regions (Ayres et al., 1985; Lohm et al.,
1994; van der Voet et al., 1994; Kleijn et al., 1994). Recently, national and international flows of copper and zinc were established (Graedel et al., 2002; Gordon
et al., 2003; Spartari et al., 2003)

The dynamic behavior of material or substance flows in human-environment systems can be simulated using mathematical models (Ayres, 1978;
Baccini & Bader, 1996). These approaches have been applied in diverse fields.
Binder (1996) and Binder et al. (2001) modeled the dynamics of resource use for
different scenarios of furniture consumption. Müller (1998) analyzed the dynamics of forest and wood management for the lowlands of Switzerland. Real
(1998) developed a method for evaluating the metabolism in the large-scale
introduction of renewable energy systems. Zeltner et al. (1999) modeled the dynamics of copper flows in the USA; Kleijn et al. (2000) looked at delayed behavior of PVC in durables related to waste production; and van der Voet et al.
(2002) used this model to predict future emissions.

In these studies it has been shown that the data available from various
sources is sufficient to gain the necessary insights into the main sources, sinks,
and internal loops of essential goods[2] and materials[3] of a region.

---

[1] For a review on MFA history see Fischer-Kowalski (1998); Fischer-Kowalski & Hüttler
(1999), and Brunner & Rechberger, (2003)
[2] The notion "good" corresponds to the definitions used in economics
[3] The term material means chemically defined elements or compounds.

The obtained results can be applied:
- to improve the regional or corporate management of materials, e.g., to optimize resource exploitation, consumption and environmental protection within the constraints of the region or company (Brunner et al., 1990; Stigliani & Anderberg, 1992; Guinée et al., 1999);
- to set up monitoring programs to evaluate the effects of policy measures (Lohm et al., 1992); and
- as a tool for the early recognition of the impact of different scenarios of socio-economic development (Baccini, 1996; Binder et al., 2001).

In developing countries, MFA was applied for the first time to an urban region of Colombia by Binder (1996). One of the major problems in using this method in regions in developing countries is the availability of reliable data, which is significantly lower than in developed countries. However, it can be shown, for the case of water that a very limited set of data is sufficient to gain an overview of the main characteristics (quantity and quality) of the regional water balance (Binder et al., 1997). The thereby developed water management model can be used to discuss the impact of long-term oriented development strategies, e.g., population growth, technological change, and variations in the per capita consumption of water, on the regional water balance. In India, MFA has been applied to reduce the impact of industrial production on regional environmental quality (Erkman & Ramaswany, 2003).

Ecological Engineering is a new field in the area of engineering with a science base in ecology (Gattie et al., 2003). It develops a technology for connecting society to the environment (Odum & Odum, 2003). Concomitantly it uses characteristics provided by the ecosystem, namely the ability to self-organize, to improve design and efficiency of the technical systems. It thus, includes the interaction between technology and environment in its analysis. The application range of ecological engineering is mostly in the technical systems. However, it is also necessary to understand the relationship of the process studies to the whole metabolism or physiology of a city or region, that is, to link the technological system studied not only with the environmental system, but also with the anthropogenic one.

This paper gives first ideas regarding this issue. It analyzes to which extent MFA can contribute to linking the analyses of ecological engineering to developments in the anthroposphere. We take as a case study a region in a developing country because (i) there is low data availability and quality which might partly be overcome with by MFA (Binder, 1996); and (ii) it is a new emerging field for both the MFA and the Ecological Engineering community.

In this paper we first give an overview of the study region, Tunja, Colombia. We then present the system analysis for the water balance in Tunja. The results and their validation are presented in the following section.

After a short summary of the MFA results the utility of this method for ecological engineering is discussed.The study area Tunja is the capital of the county of Boyacá in Colombia. It is located in the eastern chain of the Andes at an altitude of 2800 m above sea level and has an area of 117 km^2. Tunja has 114,000 inhabitants, with 95 percent living in the urban area. The population growth from 1985 to 1993 was 2.7 percent per year (DANE, 1994). The rural area of the municipality is characterized by agriculture on *minifundios* (small plots of land of about 1-3ha). The land is mostly used for extensive agriculture. In the arable part, farmers produce potatoes, wheat, oats, and maize.

There are two main rivers in the region, the Rio Chulo, which originates in the rural part of the municipality, and the Rio La Vega, which originates in another catchment area and enters the region in the urban part. Due to its altitude and geographical location the average temperature in the region is 13°C, with an average night-time temperature of 5°C and an average day-time temperature of 20°C. It is a relatively dry region with an average precipitation of 590 mm/year. There are two wet and two dry seasons.

The main questions concerning the water balance in the region were:
- How can the water balance of the Tunja catchment be calculated and validated given low data availability and quality?
- What is the dilution capacity of the regional aqueous system with respect to growth scenarios for the anthroposphere?
- What is the potential of environmental technologies to reduce the anthropogenic load?

Application of material flux analysis to study the water balance in Tunja, Colombia

System Analysis

The *system border* for the water balance (74km^2) is defined by the catchment area in the south, east, and west and by the political border on the northern part of the municipality (Figure 1). Five processes were chosen to define the water balance in the region:
  1. *Water Supply.* This process supplies households, industries, and other institutions of the municipality with water. The water is imported from an external reservoir and extracted from the lower aquifer. The losses in the supply are about 40 percent, and illegal consumption is assumed to be 15 percent [EAAT⁴].

---

⁴ Empresa de Acueducto y Alcantarillado de Tunja.

2. *Soil/Upper Aquifer.* This process includes the 1m of soil (pedosphere) where e.g., evapotranspiration, interception, and CO_2 fixation take place and 9m corresponding to the upper aquifer. The area is divided into sealed, agricultural, and unproductive soil.

3. *Household/Industry.* In this process the water is consumed. Household consumption is 84 percent of the total; institutional and commercial consumption totals 13 percent. In this region industry (three percent of total consumption) does not play an important role.

4. *Groundwater, Lower Aquifer:* The Lower Aquifer is divided into two main aquifers, which together have a magnitude of 70 to 200m. They are located at about 200 to 400 m below the surface in the valley.

5. *Surface Water*: The surface water in the region is the Rio Chulo.

Choice of Indicators

Phosphorous (P) and Carbon (C) were selected as the indicator elements taking into account three aspects. First, the indicator elements had to be measurable with the technology available at the UNIBOYACA in Tunja, so that monitoring could be continued. Second, they had to reflect the human activities taking place in the region. Third, they had to consider pollution and nutrient contamination in water. Studies of urban regions in industrialized countries have shown that the phosphorous (P) content in sewage originates in feces and washing water; the P-flux can be correlated to the amount of food and detergents consumed (Baccini, 1993). Carbon (C) is a good indicator of organic pollution and can also be correlated with the human activities "to nourish" and "to clean."

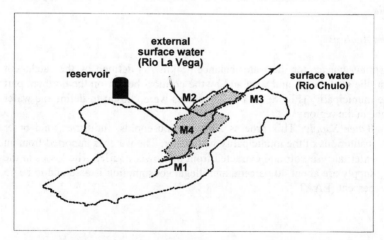

Figure 1: Catchment area and measurement points

Measurement of Mass Fluxes and Element Concentrations

The data can be divided into measured data and calculated or estimated data. The measurement points are depicted in Figure 1. The measured data are marked in Figure 2. In addition to the measured data, data were also taken from regional or national statistics (For detailed information on the design of the latter see Binder, 1996; Binder et al., 1997.)

Results

Figure 2 shows the water balance of the catchment area for the year 1993. The error margin of the fluxes is mainly determined by the random errors, which vary between five and 30 percent (Binder, 1996; Binder et al., 1997).

The largest input flux into the catchment area is precipitation (atmosphere to soil and upper aquifer) and the largest output flux is evapotranspiration (soil and upper aquifer to atmosphere). Evapotranspiration consists of the actual evaporation from precipitation (about 76 percent) and the evapotranspiration from irrigation of plants. The total evapotranspiration is about 84 percent of the precipitation, which is typical for regions located in the Andes at the same altitude (Müller, 1980). Thus, the net precipitation, total precipitation minus evapotranspiration, is only 7 mio m^3/year.

The second largest input flux at 8.5 mio m^3/year is the drinking water 1 (Figure 1) from an external reservoir to the Water Supply. It constitutes 85 percent of the total flux into the water supply; the other 15 percent is extracted from the groundwater and the lower aquifer located in the municipality. The municipality can only satisfy 15 percent of its drinking water demand with its own water sources and is dependent on water sources from neighboring regions. In the urban area, about 6 mio m^3/year are consumed by 90 percent of the population, which corresponds to a per capita consumption of 160 l/day.

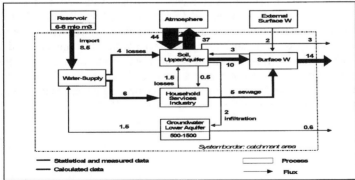

Figure 2: Water balance of the catchment area of the Municipality of Tunja; fluxes; mio m^3/years; stocks mio m^3 (Binder, 1996; Binder et al., 1997)

The second largest output flux of the system comes from surface water composed of runoff; waste water from households, services, and industries; and input from external surface water. The quality of the surface water is determined by the dilution capacity[5] of the surface water for waste water and the quality of waste water produced through the consumption process. The flux of untreated waste water from households, services, and industries to surface water constitutes about 30 percent of the total flux to surface water leading to a dilution capacity for waste water of about three. For this reason, the quality of the output flux from the surface water is mainly determined by the quality of waste water from households, services, and industries. About 20 percent of the waste water from these uses infiltrates into the soil and upper aquifer due to leakage in the sewer system and flows to the neighboring region.

The infiltration rate into the lower aquifer is about 2 mio m^3/year and the extraction rate of is about 1.5 mio m^3/year, about same order of magnitude, showing that the lower aquifer is not being overexploited. The actual stock of the lower aquifer is about 1,000 mio m^3, about 100 times larger than the current infiltration and extraction rates indicating a residence time for the water in the lower aquifer of about 100 years. This fact has been confirmed by isotope measurements which showed that the water in the lower aquifer is at least 100 years old (Jimenez & Valero, 1990).

Validation of the Model Assumptions

The model assumptions for the water and P and C fluxes are validated by comparing the P and C fluxes calculated from the measured inputs (food and detergents) with their transfer coefficients calculated from the data measured in surface water output.

For both elements, the model assumptions can be validated (Table 1). For P, the error range is smaller if the flux is calculated using the measured input and transfer coefficients than using measurements of surface water. For C, the error range is larger for the fluxes calculated from inputs and transfer coefficients. This is due to the uncertainty of the transfer coefficient, which determines the rate of erosion. However, it can be seen that, even with a low amount of data and relatively high error margins, a system can be set up and validated by measuring or estimating the system parameters (input and transfer coefficients), calculating the output using these parameters, and comparing the calculated output values to output measurements (See also Baccini et al., 1993).

---

[5] For anthropogenic fluxes: anthropogenic polluted flux/total flux.

	P- Flux t/catchment area.year)	C-Flux (TOC) t/catchment area.year)
Calculated fluxes from measured inputs and transfer coefficients	77 ± 19	1,200 ± 460
"to nourish" (excreta)	66 ± 5	550 ± 46
"to clean" (washing water)	39 ± 17	820 ± 200
Irrigation (losses)	-19 ± 2	-390 ± 40
Sewage leakage (losses)	-24 ± 5	-400 ± 70
Erosion (Baccini & von Steiger, 1993)	14 ± 1	600 ± 400
Calculated fluxes from measured values in surface water (concentration and water flux)	82 ± 30	1,100 ± 360

Table 1: P and C fluxes calculated from measured inputs and transfer coefficients and P and C fluxes calculated from measurements in surface water (*Source*: Binder 1996, Binder et al., 1997).

Dilution capacity

Table 2 shows the regional dilution capacity for pollutants. The dilution capacity varies between 1.8 and 3, depending on the indicator used for the calculations, which indicates a high impact of human activities on the environment, i.e., water quality. With a doubling of the population, which is expected until the year 2020 (see below) the dilution capacity is expected to further decrease from a maximum of 3 to a maximum of 2. The question is what might be the contribution of different technologies to reduce this impact.

	Waste water[1]	Surface water before urban area[2]	Surface water leaving the region[1]	Dilution capacity
Water flux				
mio m³/y	4.7 ± 0.5	0.6 ± 0.1	14.4 ± 2.8	3.1 ± 0.8
$[P]_{tot}$ mg/l	15 ± 4	0.01	6.5 ± 0.5	2.3 ± 0.7
[TOC] mg/l	140 ± 20	0.3	77 ± 10	1.8 ± 0.6

Table 2: Comparison of dilution capacities for surface water (*Source:* Binder 1996; Binder et al., 1997).

Scenarios

Scenarios are used to forecast the development of surface water by the year 2020 and to analyze and the effects of technical measures to improve the surface water quality. This study addressed two important questions. What will the quality of surface water in Tunja be by the year 2020? How can different sewage treatment techniques influence this quality?

We assumed that economic growth will take place mainly in the tertiary sector (education and tourism).

The population, growing at 2.7 percent a year, will double by the year 2020, but per capita consumption of food and detergents will stay constant. Improved technology will reduce losses in the drinking water supply from 40 to 20 percent, and the aquifer will not be overexploited.

The effect of the installation of three different types of sewage treatment techniques, changes in water consumption per capita, and sewage losses were analyzed using carbon as an indicator element. We selected plausible minimum and maximum values for water consumption and sewage losses. Table 3 shows the analyzed scenarios.

	Water consumption min/max (l/inh.day)	Sewage losses min/max (%)	Sewage treatment	Carbon elimination (%)
Scenario 1	80/160	0/20	none	none
Scenario 2	80/160	0/20	septic tank	30
Scenario 3	80/160	0/20	UASBR[1]	65-70[2]
Scenario 4	80/160	0/20	activated sludge plant	90[3]

Table 3: Scenarios to analyze the development of surface water quality in the year 2020 in Tunja (Source: Binder, 1996).
1. UASBR: Upflow anaerobic sludge blanket reactor; 2. Diaz (1998); 3. Metcalf (1991).

In scenario 1, assuming maximum water consumption and maximum sewage losses, and if no sewage treatment facilities are installed, the C concentration in surface water will increase from 85 mgC/l in 1993 to 120 mgC/l in 2020. With minimum water consumption and no sewage losses, it will further increase to 180 mgC/l (Figure 3).

In scenario 2, assuming maximum water consumption and maximum sewage losses, the installation of septic tanks will decrease the C concentration in the surface water to 94 mgC/l. Thus, the C concentration will be reduced in comparison to scenario 1, however, it will still be on the same order of magnitude than in 1993. If minimum water consumption and no sewage losses are assumed, the concentration of carbon will increase to 130 mg/l.

In scenario 3, assuming maximum water consumption and maximum sewage losses, the installation of an anaerobic sludge reactor will decrease the C concentration in the surface water to 43 mgC/l, which is about 50 percent of the C concentration in 1993. Assuming minimum water consumption and no sewage losses, the C concentration will increase to about 60mgC/l, which is still about 20 percent less that in 1993.

In scenario 4, assuming maximum water consumption and maximum sewage losses, the installation of an aerobic activated sludge plant will decrease the concentration of carbon in the surface water to 20 mgC/l, nearly one order of magnitude lower that in 1993.

However, it still will be one order of magnitude larger than the geogenic value. Assuming minimum water consumption and no sewage losses, the C concentration will increase only to about 26 mgC/l, which is still in the same range as the concentration assuming maximum water consumption and maximum sewage losses.

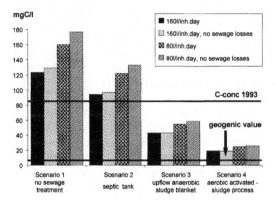

Figure 3: Carbon concentration in surface water for scenarios 1 to 4 [mgC/l]; UASBR: Upflow Aerobic Sludge Reactor.

Due to the limited regional water resources and assuming a doubling of the population into the year 2020, a reduction of water consumption per capita seems unavoidable. The reduced water consumption per capita will increase the carbon concentration in surface water. The effects on surface water quality will suffer greatly if no sewage treatment facilities are installed. Mitigation of the negative impact of reduced water consumption per capita will be only as great as the quality of the sewage treatment.

Summary of the MFA results

This study suggests four general conclusions about the applicability of MFA in developing countries. First, even with poor availability of reliable data, MFA can be used to recognize environmental problems at an early stage. However, it is important to develop monitoring systems, which allow efficient cross-checking and verification of the data. Second, water balances can be determined by measuring precipitation, water consumption, surface water input and surface water output. In areas without major industries, phosphorous and carbon are appropriate indicators to validate the fluxes. Third, MFA and its mathematical formulation can be applied as an instrument to develop monitoring concepts and evaluate technical measures.

Fourth, it is possible to compensate for a lack of reliable data by utilizing process models and collecting data to validate the model. In the course of the study that grew out of the collaborative work, researchers reached some specific conclusions about Tunja. It became clear that the municipality can only satisfy about 15 percent of its current demand for water from its own water sources; it is dependent on its "hinterland" for its water supply. The low regional geogenic water input provides a dilution capacity for sewage that is smaller than three. Therefore, the quantity and quality of surface water is mainly determined by the anthropogenic use of water. At present, researchers can tell that the lower aquifer of the natural water system is being exploited in a sustainable way, because the amount of regenerating groundwater and extracted groundwater are in the same order of magnitude.

In the future, monitoring of the water system in Tunja should focus on the consumption of water, food, and detergents in order to detect changes in the quality and quantity of surface water. By 2020, when the population will have doubled, residents of Tunja will have to reduce the amount of water they use. This will lead to an increase in the carbon concentration in surface water, but improved sewage treatment—of which we analyzed three possibilities—can reduce this effect.

What is the contribution of MFA to Ecological Engineering?

As shown above MFA quantifies the material and element flows of human activities to the environment. It can be used for:
- early recognition of resource demand & environmental impacts
- evaluating the effect of technical measures in mitigating these impacts

The results form an MFA study can thus, be used as input values for further ecological engineering studies, which might for example give insights into how large the self regulation of rivers is and thus, to which extent the self cleaning potential can be used concomitantly with different technological measures.

A second aspect, which might become relevant for ecological engineering is the ability to link MFA models to human behavioral models. This might provide valuable inputs for ecological engineering as to which behavioral changes might occur as a reaction to environmental degradation. Thus, it might be possible to link the "self-regulation of human systems" to the "self-regulation of environmental systems".

Finally, since research in developing countries will become necessary given that the pressure on the environment is constantly increasing in these countries, researchers will be confronted with the problem of low data availability and quality. Material flux analysis is a method which is able to deal with low data availability. The MFA-models, therefore, might be used for (i) providing a first overview of the system; (ii) validating other models; and (iii) indicating priorities for research in ecological engineering.

References

Baccini, P., & Bader, H.-P. (1996). Regionaler Stoffhaushalt, Erfassung, Bewertung und Steuerung. Heidelberg, Germany: Spektrum Akademischer Verlag.

Baccini, P., Daxbeck, H., Glenck, E., & Henseler, G. (1993). METAPOLIS: Güter- und Stoffumsätze in den Privathaushalten einer Stadt. Zurich , Switzerland: Nat. Forschungsprogramm 25 "Stadt und Verkehr", 34 A + 34B.

Baccini, P., & Brunner, P. (1991). Metabolism of the anthroposphere. New York: Springer.

Binder C.R., Modeling dynamics of resource use in human-environment systems: A contribution to transitions towards sustainable development. Habilitation thesis to be submitted to the Professorenkonferenz of the Department of Environmental Sciences on October 20th, 2004.

Binder C.R., Hofer C., Wiek A., & Scholz R.W. (2004). Transition towards improved regional wood flow by integrating material flux analysis with agent analysis: the case of Appenzell Ausserrhoden, Switzerland, Ecological Economics, 49 (1), 1-17.

Binder C., Bader H.P., Scheidegger R., & Baccini P. (2001). Dynamic models for managing durables using a stratified approach: the case of Tunja, Colombia, Ecological Economics, 38 (2), 191-207.

Binder, C., Schertenleib, R., Diaz, J., & Baccini, P. (1997). Regional water balance as a tool for water management in developing countries, Water Resources Development, 13(1), 5-20.

Binder, C. (1996). The early recognition of environmental impacts of human activities in developing countries. Unpublished Ph.D. dissertation, Swiss Federal Institute of Technology Zurich, Switzerland.

Bouman, M., Heijungs, R., van der Voet, E., van der Bergh, J., & Huppes, G. (2000). Material flows and economic models: an analytical comparison of SFA, LCA and partial equilibrium models. Ecological Economics, 32, 195-216.

Bringezu, S. (2000). Ressourcennutzung in Wirtschaftsräumen. Berlin, Germany: Springer Verlag.

Brunner, P. H., Daxbeck, H., Henseler, G., von Steiger, B., Beer, B., & Piepke, G. (1990). RESUB-Der Regionale Stoffhaushalt im Unteren Buenztal. Zurich: Swiss Federal Institute of Technology & Dübendorf, Switzerland: EAWAG, Department of Resource and Waste Management.

Brunner, P. H., & Rechberger, H. (2004). Practical handbook of material flow analysis, New York: Lewis Publishers.

Daxbeck, H., Lampert, C., Morf, L., Obernoster, R., Rechberger, H., Reiner, I., et al. (1997). The anthropogenic metabolism of Vienna. In S. Bringezu et al. (Ed.), Proceedings of the ConAccount workshop, 12-23 January, 1997 (pp. 247-252). Wuppertal, Germany: Wuppertal Institut für Klima, Umwelt, Energie.

Duchin, F., & Steenge, A. E. (1999). Input-Output analysis, technology and the environment. In van der Bergh J. C. M. (Ed.), Handbook of environmental and resource economics. Cheltenham, UK: Edward Elgar.

Duvigneaud, P., & Denayeyer-De Smet, S. (1975). L'Ecosystème Urbs. In P. Duvigneaud & P. Kestemont (Eds.), Travaux de la section Belge du programme biologique international (pp. 581-597). Brussels, Belgium.

146   Dr. Claudia R. Binder

Fischer-Kowalsi, M., Haberl, H., Hüttler, W., Payer, H., Schandl, H., Winiwarter, V., et al. (1997). Gesellschaftlicher Stoffwechsel und Kolonisierung von Natur. Amsterdam: Verlag Fakultas.
Fischer-Kowalsi, M., (1998). Society's Metabolism: The intellectual history of material flow analysis, Part I, 1860-1970, Journal of Industrial Ecology, 2 (1), 61-78.
Fischer-Kowalsi, M., & Hüttler, W. (1999). Society's Metabolism: The intellectual history of material flow
Gattie, D.K., Smith, M.C., William Tollner, E., & McCutcheon, S.C. (2003) The emergence of ecological engineering as a discipline. Ecological Engineering, 20, 409-420.
Gordon, R. B., Graedel, T. E., Bertram, M., Fuse, K., Lifset, R., Rechberger, H., et al. (2003). The characterization of technological zinc cycles. Resources, Conservation and Recycling, 39(2), 107-135.
Graedel, T. E., Bertram, M., Fuse, K., Gordon, R. B., Lifset, R., Rechberger, H., et al. (2002). The contemporary European copper cycle: The characterization of technological copper cycles. Ecological Economics, 42(1-2), 9-26.
Henseler, G., Bader, H. P., Oehler, D., Scheidegger, R., & Baccini, P. (1995). Methode und Anwendung der betrieblichen Stoffbuchhaltung. Zurich, Switzerland: vdf.
Kleijn, R., van der Voet, E., & Udo de Haes, H. A. (1994). Controlling substance flows: the case of chlorine. Environmental Management, 8, 523.
Kleijn, R., Huele, R., & van der Voet, E. (2000). Dynamic substance flow analysis: the delaying mechanism of stocks, with the case of PVC in Sweden. Ecological Economics, 32(2), 241-254.
Leontief, W. (1936). Quantitative input and output relations in the economic systems of the US. Review of Economic Statistics, XVIII, 105-125.
Lohm, U., Anderberg, S., & Bergbäck, B. (1994). Industrial metabolism at the national level: a case-study on chromium and lead pollution in Sweden, 1880-1980. In R. U. Ayres & U. E. Simonis (Eds.), Industrial metabolism - Restructuring for sustainable development (pp. 103-118). Tokyo: The United Nations University.
Müller, D. B. (1998). Modellierung, Simulation und Bewertung des regionalen Holzhaushaltes. Unpublished Ph.D. dissertation, Swiss Federal Institute of Technology Zurich, Switzerland.
Newcombe, K., Kalma, I. D., & Aston, A. R. (1978). The metabolism of a city: the case of Hong Kong. Ambio, 7, 3.
Odum, H.T., & Odum, B. (2003). Concepts and methods of ecological engineering. Ecological Engineering, 20, 339-361.
Redle, M. (1999). Kies- und Energiehaushalt urbaner Regionen in Abhängigkeit der Siedlungsentwicklung. Unpublished Ph.D. dissertation, Swiss Federal Institute of Technology Zurich , Switzerland.
Real, M. G. (1998). A methodology for evaluating the metabolism in the large scale introduction of renewable energy systems. Unpublished Ph.D. dissertation, Swiss Federal Institute of Technology Zurich, Switzerland.
Spatari, S., Bertram, M., Fuse, K., Graedel, T. E., & Shelov, E. (2003). The contemporary European zinc cycle: 1-year stocks and flows. Resources, Conservation and Recycling, 39(2), 137-160.
Zeltner, C., Bader, H.-P,., Scheidegger, R., Baccini, P. (1999). Sustainable Metal Management exemplified by Copper in the USA. Regional Environmental Change, 1(1), 31-46.

van der Voet, E., Egmond, L., Kleijn, R., & Huppes, G. (1994). Cadmium in the European Community: a policy-oriented analysis. Waste Management Resources, 12, 507.

van der Voet, E., Kleijn, R., Huele, R., Ishikawa, M. & Verkuijlen, E. (2002). Predicting future emissions based on characteristics of stocks. Ecological Economics, 41, 223-234.

Wolman, A. (1965). The metabolism of cities. Scientific American, 213, 179.

Prof. Dr.-Ing. Manfred Voigt

Nach den Möglichkeiten der Gesellschaft – Kommunikation, die Grundlage der Ingenieurökologie und des Ressourcenmanagements

Zusammenfassung

Die dauerhafte Bewirtschaftung von Natur und Ressourcen durch die menschliche Gesellschaft erfolgt nach den Bedingungen der Natur und den Möglichkeiten der Gesellschaft. Die Bedingungen der Natur setzten dem menschlichen Handeln Grenzen und die Handlungsmöglichkeiten der Gesellschaft sind begrenzt. Basis für gesellschaftliches Handeln im Rahmen gesellschaftlicher Funktionen durch soziale Systeme ist sinnhafte Kommunikation. Soziale Systeme wählen aber für ihre Kommunikation aus dem Sinnvielfalt der Welt sehr unterschiedliche Sachverhalte aus, so daß es in einer funktional ausdifferenzierten Gesellschaft keine einheitliche Auffassung darüber gibt, welche Bedeutung Umwelt und Ressourcen zugewiesen werden sollen. Gleichwohl gibt es keine andere Möglichkeit, als daß möglichst vielfältig über die Beziehung von Gesellschaft und Natur/Ressourcen kommuniziert wird. Was in der Gesellschaft nicht kommuniziert wird, existiert für die Gesellschaft nicht – und Fachkommunikation allein genügt nicht. Wenn ein Sachverhalt wie die dauerhafte Nutzung von natürlichen Ressourcen in die Gesellschaft integriert werden soll, so müssen dafür dauerhafte Kommunikations- und Handlungsstrukturen mit entsprechenden operativen Mitteln eingerichtet werden. Für die Ingenieurökologie ergibt sich die Möglichkeit, über die derzeitige Anwendung einiger ökologischer Mechanismen in der Technologie hinaus die Gestaltung entsprechender gesellschaftlicher Möglichkeiten zur Anwendung ökologischer Prinzipien in ihre Arbeit einzubeziehen und zu entwickeln.

Ingenieurökologie: Technik oder Natur oder Gesellschaft

Ingenieurökologie wird häufig als Renaturierung von Gewässern, als Bau und Betrieb von bewachsenen Bodenfiltern (vulg. Pflanzenkläranlagen), als Verwendung bisher wenig verwendeter Materialien ('Ökologisches Bauen') und manchmal auch als Bionik wahrgenommen. Verschiedene verfügbare Darstellungen dieser Disziplin verstärken häufig diesen Eindruck. Mit den Begriffen 'naturnahe' oder 'naturnäher' versucht man sich von den sogenannten 'harten' Technologien abzugrenzen, obwohl die Kategorien 'hart' oder 'weich' keine ingenieurwissenschaftlichen Kategorien für die Unterscheidung von Technologie sind. Vielmehr geht es in den Ingenieurwissenschaften um die Optimierung technischer Anlagen oder Anlagenteilen im Sinne gewählter Zielfunktionen wie Materialeinsatz, Nutzerfreundlichkeit, Betriebsmittelbedarf oder Wirtschaftlichkeit.

Die Koppelung des Begriffes ‚Ökologie' mit dem Begriff ‚Ingenieur' könnte als
eine weitere Zielfunktion für die Konstruktion technischer Anlagen verstanden
werden, wobei zunächst unklar ist, für welche Konstruktions- und
Optimierungsprinzipien der Begriff ‚Ökologie' steht. Die Ansprüche an die
Ingenieurökologie gehen jedoch – zumindest im deutschsprachigen Raum – er-
heblich weiter. In der ersten umfassenderen Buchveröffentlichung heißt es:
„Unter Ingenieurökologie verstehen wir die ingenieurmäßige Umsetzung ökolo-
gischer Erkenntnisse und Prinzipien" (Busch/Uhlmann/Weise (Hg.): Ingenieur-
ökologie. Jena: VEB Fischer Verlag, 1989, S. 10).
Zur Konkretisierung dieses Anspruchs werden drei Punkte aufgeführt:
„*Erstens* ... Ökosysteme (wie auch andere Naturressourcen) als Bestandteile des
Systems der Produktivkräfte zu betrachten und zu behandeln ..."
„*Zweitens* ... die ... natürlichen Potentiale nutzbarer Stoffe, Energieträger und
Leistungen als ökonomisch relevante Vorräte ... zu betrachten ... zu behandeln
..."
„*Drittens* ... die ... Gebrauchswerte .. von natürlichen Systemen ..., ... identi-
fizieren, ... quantifizieren und durch Vergleich mit gesellschaftlich ... produzierten Gebrauchswerten ... Vergleichwerte für ökonomisch relevante Leistungen der Natursysteme ... erhalten" (dsgl. S. 226).
Die Leistungen des Naturhaushaltes sollen mithin in die gesellschaftlichen Bereiche der Produktion, der Produktivkräfte und der Ökonomie überführt werden
und wären damit formal von den Bemühungen des Natur- und Artenschutzes
und des Umweltschutzes herkömmlicher Prägung abgrenzt.

Eingriffe: Konservieren oder verändern

Natur- und Umweltschutz haben in den letzten 40 Jahren zweifellos Erfolge erzielt, häufig allerdings nur auf der Ebene der Symptome mit geringer Reichweite
und lokaler Begrenzung. Die einfache Kausalität dieses Vorgehens konnte nicht
verhindern, daß die Probleme in und mit der natürlichen Umwelt in dieser Zeit
kontinuierlich gewachsen sind und in vielen Fällen einen irreversiblen Status erreicht haben, auf den mit Mitteln des Natur- und Umweltschutzes nicht mehr reagiert werden kann.
Zu nennen sind
-   die Belastungen der Randmeere durch Erosion und Stoffeinträge aus den
    Einzugsgebieten,
-   der Verlust von Böden und die Anreicherung von Stoffen in Böden,
-   die stoffliche Belastung und die Übernutzung des Grundwassers sowie
-   die Änderung des Klimas aufgrund von Stoffeinträgen in die Atmosphäre.
Man erkennt, daß dies durchweg Senkenprobleme sind, Bereiche, deren Leistungen für die menschliche Gesellschaft bisher als Gratisleistungen aufgefaßt
wurden. Die Beendigung von Gratisleistungen bedeutet deren Bewirtschaftung.

Es geht also nicht mehr darum, der äußeren Natur an der einen oder anderen Stelle gewisse Entlastungen zu verschaffen, innergesellschaftlich aber keine Veränderungen vorzunehmen.

Leider gibt es aus der Natur heraus keine Kategorien die vorgeben, welcher Naturzustand erhaltenswürdig ist und welchen Wert dessen Leistungen habe. Diese Kategorien werden aus der Gesellschaft heraus und für die Gesellschaft entwickelt. Natur ist ein dynamischer Prozeß mit wechselnden Zuständen. Sollen bestimmte Leistungen langfristig erhalten oder geschaffen werden, sind gesellschaftliche Leistungen als Eingriffe anderer Art in den Naturhaushalt erforderlich.

„Man muß mindestens auch mit der Möglichkeit rechnen, daß ein System so auf seine Umwelt einwirkt, daß es später in dieser Umwelt nicht mehr existieren kann. ... Die Evolution sorgt langfristig gesehen dafür, daß es zu ‚ökologischen Gleichgewichten' kommt. Aber das heißt nichts anderes, als daß Systeme eliminiert werden, die einem Trend der ökologischen Selbstgefährdung folgen" (Luhmann 1986, 38). Diese triviale Lösung des Problems steht spätestens seit Rahel Carsons ‚Silent Spring' im Raum, wurde aber bis heute – auch angesichts globaler Klimaveränderungen und ausgehender Ressourcen – nicht allgemein kommuniziert.

„Trifft diese Einschätzung der Evolution von gesellschaftlicher Komplexität und ökologischen Problemen zu, dann muß die Frage nach der ‚Herrschaft über die Natur' in eine neue Form gebracht werden. Es geht nicht um ein Mehr oder weniger an technischer Naturbeherrschung und schon gar nicht um sakrale oder um ethische Sperren.

Es geht nicht um Schonung der Natur und auch nicht um neue Tabus. In dem Maße, wie technische Eingriffe die Natur verändern und daraus Folgeprobleme für die Gesellschaft resultieren, *wird man nicht weniger, sondern mehr Eingriffskompetenz entwickeln müssen, sie aber unter den Kriterien praktizieren müssen, die die eigene Rückbetroffenheit einschließen* (Anm.: kursiv im Original). Das Problem liegt nicht ihn der Kausalität, sondern in den Selektionskriterien. Die Frage, die daraus folgt, ist eine doppelte, nämlich: (1) Reicht die technische Kompetenz aus für ein selektives Verhalten, das heißt: gibt sie uns genug Freiheit gegenüber der Natur? Und (2) reicht die gesellschaftliche, das heißt die kommunikative Kompetenz aus, um die Selektion operativ durchführen zu können?" (dsgl. 38-39).

Die Ingenieurökologie zeigt gute Potentiale, diese Eingriffskompetenz zu entwickeln, wenngleich in der Euphorie ingenieurökologischer Lösungen die Analyse der Rückbetroffenheit noch weitgehend vernachlässigt wird. Insofern sind die von Luhmann gestellten Fragen (1) und (2) auch als Forschungsprogramm zu verstehen.

Die Natur reagiert auf veränderte Bedingungen mit der Anpassung ihrer Zustände und sie tut dies autonom und komplex. Diese Bedingungen der Natur gilt es bezüglich der eigenen Rückbetroffenheit zu beachten. Das genügt jedoch nicht. Die Integration ökologischer Prinzipien in die Gesellschaft mittels Technik unterstellt, daß die Gesellschaft dies leisten kann. Das tendenzielle Scheitern des Natur- und Umweltschutzes zeigt jedoch, daß diese Bemühungen der Gesellschaft bisher zu kurz gegriffen haben. Dies führt zu der Frage nach den Möglichkeiten der Gesellschaft, sich auf die ökologischen Gefährdungen einzustellen.

Trotz der offenkundigen Mängel, die die Gesellschaft in praktisch allen Belangen in ihren Beziehungen zu Natur und Ressourcen aufweist, wird über die Frage nach den Möglichkeiten der Gesellschaft noch immer vergleichsweise wenig kommuniziert. Wir sind weit davon entfernt, „die Frage nach der ‚Herrschaft über die Natur' in eine neue Form" zu bringen, wenngleich Theorie und Empirie sowohl auf der Seite der Natur als auch auf der Seite der Gesellschaft soviel Erkenntnis vorzulegen haben, daß der Mangel durch eine Hypothese überbrückt werden kann. Grundlage für die Hypothese ist die Beobachtung gesellschaftlicher Kommunikation und Organisation bei der Bewirtschaftung materieller Ressourcen, die durchaus so angemessen erfolgen kann, um als Muster für Übertragungen herangezogen werden zu können:

„Ein industrieller Betrieb ist in der Regel auf unbefristete Produktionsleistungen ausgelegt, wird entsprechend gewartet und organisiert. Wenn unbefristete Produktions- und Versorgungsleistungen von der Natur erwartet werden, muß analog verfahren werden" (Voigt 1997, 14).

Die industrielle Produktion arbeitet in diesem Sinne durchaus zufriedenstellend. Probleme, die durch das industrielle Wirtschaften entstehen wie beim Rohstoffabbau, bei Emissionen, bei Flächeninanspruchnahme befinden sich in der Regel außerhalb der Produktionsstätten in Bereichen, die gesellschaftlich nicht oder nicht ausreichend bewirtschaftet werden. Wenn es also um die Integration natürlicher Prozesse in die Gesellschaft in analoger Weise zu Produktionsstätten geht und eine wirtschaftender Betrieb ein soziales System im gesellschaftlichen Funktionsbereich der Wirtschaft ist, so erhalten wir einen Ausgangspunkt für die nähere Beschäftigung mit den Fragen nach den Bedingungen der Natur und den Möglichkeiten der Gesellschaft.

Kommunikation mit der Natur ?

Natur und Gesellschaft sind jeweils eigenständigen Systeme mit eigenständiger interner Struktur und Organisation. Wenn auch die Physis der menschlichen Individuen strukturell mit der Natur gekoppelt ist, so stellt die Gesellschaft eine eigenständige Qualität dar:

Gesellschaft ist das umfassende System sinnhafter Kommunikation. Sinn ist darin zunächst ein allgemeiner Verweisungszusammenhang auf Erleben und Handeln für soziale Systeme. Sinn eröffnet die Möglichkeiten eines sozialen Systems für das Erkennen von Signalen aus der Umwelt, für Ziele und Zwecksetzungen des Systems und für dessen weiteres Handeln. Systeme sind gewissermaßen Subsysteme im Rahmen der Gesellschaft und grenzen sich nicht nur durch sinnhafte Kommunikation von ihrer Umwelt ab, sondern ihre Wahrnehmung bezüglich der Umwelt begrenzt sich entsprechend des Systems. Das gilt für einfache temporäre Interaktionen wie für dauerhafte Organisationen (weiteres siehe unter ,Soziale Systeme').

Zunächst ist zu fragen, ob es in der Natur vergleichbare Strukturen gibt, an die angeschlossen werden kann.

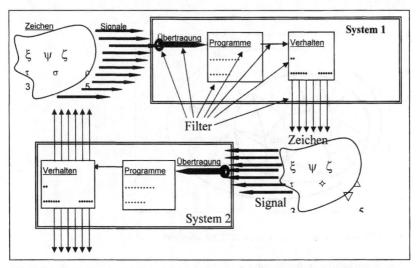

Abb. 1: Prinzip der Signalverarbeitung bei Organismen in der Natur (Erläuterungen im Text)

Kommunikation setzt sich aus Signalen zusammen, die wiederum aus Zeichen bestehen. Signale müssen von einem Empfänger aufgenommen und verstanden werden können. Die Natur ist voller Zeichen und Signale – aber nicht für jeden (Abb. 1). Zeichen und Signale in der Natur kommen in unterschiedlicher Form vor. Sie können visuell, akustisch oder olfaktorisch übermittelt werden, sie können physikalischer, chemischer oder biologischer Natur sein, permanent oder temporär auftreten und gerichtet oder gestreut verbreitet werten. In jedem Fall muß ein Empfänger (System 1) vorhanden sein, der es ermöglicht, Signale anzunehmen. Ein Übertragungskanal leitet das Signal zur Verarbeitung ins Gehirn weiter, wo es mit vorhandenen Mustern verglichen wird.

Liegt für das Signal ein Verhaltensprogramm (z.B. Instinkte) vor, löst dies ein bestimmtes Verhalten aus. Dieses Verhalten wiederum erzeugt Zeichen und Signale, die sich in der Umgebung verbreiten und von einem System 2 selektiert und in gleicher Weise verarbeitet werden. Signale können sowohl allgemein an die Umgebung abgegeben als auch gezielt als Reaktion an das System 1 zurückgegeben werden. Es mischen sich die Rückwirkungen auf das Verhalten des Systems 1 mit den übrigen Signalen aus der Umgebung.

Der Weg der Datenverarbeitung enthält einige Filter, die von den physischen Möglichkeiten des Systems und dessen Datenverarbeitungskapazität abhängen. Das System nimmt also nur einen begrenzten Bereich seiner Umwelt wahr. Dies führt zu dem Schluß, das jedes biotische System in der Natur seine eigene – aufgrund seiner Wahrnehmungsmöglichkeiten begrenzte – Umwelt besitzt (s. Abb. 2).

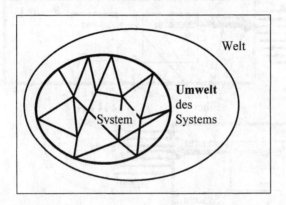

Abb. 2: System – Umwelt (nach Forrester 1972, 88; erweitert)

Kommunikation in der Natur

Dieser Sachverhalt eröffnet weitgehende Möglichkeiten für die Ökologie. Es ließen sich sogenannte Ökosysteme in anderer Weise abgrenzen, als dies heute z.B. zur Modellierung von Zusammenhängen mit den Größen Materie und Energie getan wird (vgl. Ellenberg u.a. 1986). Man könnte reale Systeme erfassen, die sich selbst von ihrer Umwelt abgrenzen. Dadurch würden Schnitte durch reale Zusammenhänge vermieden. Die Systemkategorie ‚Information' ist eine in der Ökosystemtheorie noch weitgehend vernachlässigte Größe. In Abbildung 3 ist skizziert worden, wie man sich dies auf der Grundlage von Abbildung 2 vorstellen kann:

Ein System, also ein Individuum oder eine Gruppe, Herde, Population orientiert sich mit eigener interner Kommunikation in seiner materiellen Umgebung aufgrund von Mustern, die sie mit den räumlichen Merkmalen vergleicht. Weiterer wesentlicher wahrnehmbarer Standortfaktor für den Lebensraum für das System ist das Vorkommen der erforderlichen Nahrungsvielfalt (qualitativ und quantitativ) sowie das Vorhandensein von Nahrungskonkurrenzen und Freßfeinden. Es existiert also ein System, welches sich selbst von seiner Umgebung abgrenzt und diese selektiv wahrnimmt.

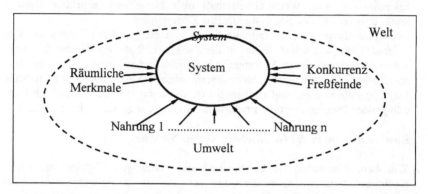

Abb. 3: System-Umwelt Zusammenhang bei Tieren (Voigt 1997, 52; verändert, Erläuterung im Text)

Die territoriale Clusterung würde dann ein Beieinander von unterschiedlichen Systemen mit ihrer jeweils eigenen Umwelt als Modell ergeben (Abb. 4) – mit der noch ungeklärten Frage, ob sich auf dieser Ebene Erkenntnisse gewinnen lassen, die über die beschriebenen System-Umwelt Beziehungen hinausgehen.

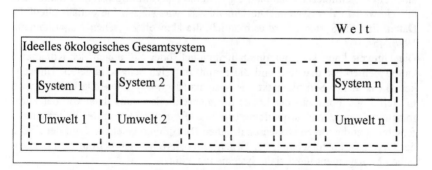

Abb. 4: Ökosystemdarstellung in Anlehnung an die Theorie selbstreferentieller Systeme (Voigt 1997, 53; verändert)

Für die nachgefragten Bedingungen der Natur ergibt sich, daß es den einzelnen Systemen möglich ist, Signale aus ihrer Umwelt aufzunehmen und diese Signale den internen Programmen gemäß mit mehr oder weniger Freiheitsgraden in Verhalten umzusetzen. Möglich sind Strategien aus Lernen, Anpassung und Selbstorganisation, die mit der Kommunikation und Organisiertheit der menschlichen Gesellschaft aber nur geringe Beziehungen unterhalten und letztlich mit ihr nicht vergleichbar ist. Die Hoffnung auf einen Dialog mit der Natur (vgl. Prigogine/Stengers 1981) erfüllt sich nach dem gegenwärtigen Stand der Erkenntnisse nicht. Wenn Gesellschaft über Natur und natürliche Umwelt kommuniziert, ist dies eine systeminterne Kommunikation. Gesellschaftlicher Umgang mit natürlichen Systemen ist daher Kontakt der Gesellschaft mit sich selbst. Wenn in der Gesellschaft die entsprechenden Teilnehmer an einer solchen Kommunikation nicht vorhanden sind, wird der entsprechende Zusammenhang nicht kommuniziert. Die daraus anschließende Frage ist also, wie es möglich gemacht werden kann, daß Gesellschaft über die drängenden Probleme mit ihrer natürlichen Umwelt angemessen kommuniziert.

Kommunikation in der Gesellschaft: Soziale Systeme

Wie bereits erwähnt ist Gesellschaft das umfassende System sinnhafter Kommunikation. Kommunikation, die mehr ist, als das Aufnehmen und Verarbeiten einiger Signale aus der Umgebung, ist eine exklusive gesellschaftliche Operation, die von sozialen Systemen geführt wird. Es gibt auf der Ebene dieser speziellen Operationsweise von sozialen System weder Input noch Output. „Das System führt seine *eigenen Unterscheidungen* (Hervorhebung durch Luhmann) ein und erfaßt mit Hilfe dieser Unterscheidungen Zustände und Ereignisse, die für das System selbst dann als *Information* erscheinen. Information ist mithin eine rein systeminterne Qualität. Es gibt keine Überführung von Information aus der Umwelt in das System. Die Umwelt ist, was sie ist. Sie enthält allenfalls Daten. Erst für Systeme wird es möglich, die Umwelt zu ‚sehen'" ... (Luhmann 1986, 45).

Die Umwelt kann sich nur durch Irritationen oder Störungen der Kommunikation bemerkbar machen, und diese muß auf sich selbst reagieren. Umweltkontakt ist daher Selbstkontakt des Systems (dsgl. 63). Diese Darstellung wird in vielfältiger Form auf der Ebene der menschlichen Individuen von der Hirnforschung, von der Neurobiologie (vgl. u.a. Roth 1998), von der Informationsforschung und anderen wissenschaftlichen Disziplinen belegt und auf der Ebene der Organisationsforschung, der Organisationspsychologie bis hin zum betrieblichen Management für soziale Systeme unterstützt.

Zu fragen ist daher als nächstes, wie angemessene Kommunikation über Probleme mit der natürlichen Umwelt in der Gesellschaft hergestellt werden kann, damit die Gesellschaft auf diese Probleme entsprechend reagieren kann.

Bürgerlich-kapitalistische demokratische Gesellschaften haben in einem historischen Prozeß seit dem Absolutismus und Feudalismus eine Ausdifferenzierung erfahren, die entlang den Funktionen erfolgt, die eine komplexe Gesellschaft braucht und die in den vorangegangenen Gesellschaftsformationen weitgehend in der Hand absoluter Herrscher waren.

Zu nennen sind unter anderem Bereiche wie die Wirtschaft, das Recht, die Wissenschaft und die Politik. Diese sogenannten Funktionssysteme nehmen exklusiv für die Gesellschaft diese Funktionen wahr. Das schließt keinesfalls die Bildung anderer sozialer Systeme aus, doch müssen diese bei gesellschaftsrelevanten Handlungen an die genannten Funktionsbereiche anschließen. Beispielweise muß sich ein Firmengründer – will er in dieser Funktion bestehen – entsprechend dem Funktionsbereich verhalten. Die Wahrnehmung und Kommunikation der sozialen Systeme allgemein und der Funktionssysteme insbesondere begrenzt sich daher auf den jeweiligen funktionellen Zusammenhang.

Zur Steigerung der Selektionsmöglichkeiten mit dem Zwecke der Beschleunigung der internen Kommunikation haben einige Funktionssysteme ihre Wahrnehmungs- und Kommunikationsprozesse auf eine einfach Leitdifferenz simplifiziert und selektieren entsprechend ankommende Sinncluster (vgl. Tab. 1). Solche generalisierte Codes sind eine effektive Möglichkeit, die Differenz von System und Umwelt zu manifestieren, zu sichern und zu entwickeln im Sinne einer Reduktion von Komplexität, die es dem System überhaupt erst ermöglicht, sich gegenüber dem überbordenden Sinnangebot der Welt zu behaupten. Darüber hinaus bedeuten sie einen Tempogewinn, der die Reaktionszeiten auf Irritationen aus der Umwelt verbessert. Abbildung 5 zeigt grundsätzlich, welche Prozesse der Sinnverarbeitung in sozialen Systemen ablaufen. Sie sind grundsätzlich mit den Abläufen vergleichbar, wie sie in Abbildung 1 dargestellt wurden.

WIRTSCHAFT	Eigentum	Geld
	Haben / Nichthaben	Zahlen / Nichtzahlen
RECHT		Recht / Unrecht
WISSENSCHAFT		wahr / unwahr
POLITIK	Macht	Haben / Nichthaben von Positionen der öffentlichen Gewalt u. Kommunikation
MASSENMEDIEN		Information neu? ja – nein

Tabelle 1: Generalisierte Codes einer gesellschaftlicher Funktionssysteme (zusammengestellt nach Luhmann, diverse Quellen)

Die Programme sind jedoch weitgehend nicht mehr fest codiert – mit begrenzten Freiheitsgraden, sondern setzen neben diesen festen Abläufen auf externe Datenspeicher, das Lernen und die Entwicklung eigener Selektionsregeln. Bevor eine Information entsteht, muß im nächsten Schritt ein kontextbezogenes Interesse entwickelt werden. Dieses Interesse kann dann zu einem wahrnehmbaren Verhalten (Kommunikation, Handeln) führen, von einem anderen System beobachtet und in ähnlicher Weise verarbeitet werden – mit der Möglichkeit der Rückkopplung oder der allgemeinen Weiterleitung.

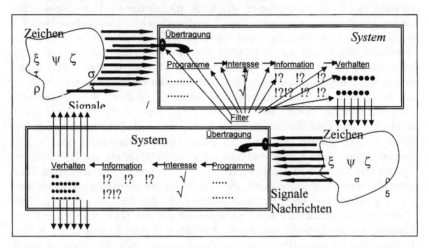

Abb. 5: Prozesse der Signalverarbeitung bei sozialen Systemen (Erläuterungen im Text)

Soziale Systeme folgen einem Zweck, den sie selbst auswählen und der ihre interne Kommunikation begründet. Sie grenzen sich damit gegenüber dem Sinnangebot aus der Gesamtumwelt ab. Die eigene Zwecksetzung oder auch die generalisierte Codierung stellen das Programm dar, mit dem das System das Sinnangebot selektiert. Der selektierte Sinn wird einer Bewertung unterzogen, um als Information das Verhalten des Systems zu beeinflussen. Auch hier durchlaufen die Signale als Nachrichten eine Reihe von Filter, angefangen damit, ob die Nachricht überhaupt über das geeignete Medium verbreitet und übertragen wird. Die Zwecksetzung bzw. die Codierung stellt fest, ob das Thema dazu gehört oder dazu gehören könnte, wenn es der Zwecksetzung entsprechend aufbereitet werden könnte. Zur Bewertung über den Informationsstatus der Nachricht sind in der Regel noch weitere Informationen erforderlich, also ein kommunikativer Kontext. Auch unspezifische Irritation können die Filter durchlaufen, wenn Grund zu der Annahme besteht, Bereiche/Subsysteme des Systems könnten betroffen sein.

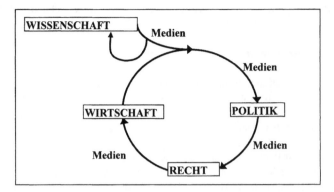

Abb. 6: Beispiel für Kopplungen von Funktionssystemen (Voigt 1997, 144; Erläuterungen im Text)

Ein Beispiel soll einen grundsätzlich möglichen Verlauf von Nachrichten und Informationen durch wesentliche Funktionssysteme der Gesellschaft behandeln (Abb. 6):

Angenommen es wurden wesentliche umweltwissenschaftliche Erkenntnisse gewonnen. Um diese in die Kommunikation des Wissenschaftssystems einzuspeisen, werden Medien benötigt, die aber wegen der Schwierigkeit des Themas und aufgrund ihrer Sprache und des Verbreitungsgrades in anderen Funktionssystemen der Gesellschaft nicht zur Kenntnis genommen werden. Um in den Massenmedien verbreitet zu werden, muß die wissenschaftliche Darstellung unter Verlust an Genauigkeit und Differenziertheit aufbereitet werden. In dieser Form könnte sie in die Kommunikation des politischen Systems gelangen, welches wiederum prüft, ob dieses die eigene Codierung (s. Tab. 1) bedient. Da sich Umweltthemen in der Regel nicht besonders gut dafür eignen, öffentliche Machtpositionen zu besetzen, weil sie häufig zu Restriktionen für Bevölkerungsteile führen, die nicht beliebt sind, versucht das Funktionssystem Politik das Thema an das Funktionssystem Recht weiterzugeben, mit dem es über die Gesetzgebung strukturell gekoppelt ist.

Die Weitergabe an das Rechtssystem muß der dort verwendeten Codierung ‚Recht-Unrecht' genügen. Ist dies der Fall, muß im Rechtssystem daraus folgend eine Abgleichung mit den bereits vorhandenen Gesetzen und Rechtsvorschriften erfolgen, z.B. in Kommentaren oder Ausführungsvorschriften. Dergestalt verändert kommt die ursprünglich wissenschaftliche Erkenntnis zum Beispiel als Verhaltensvorschrift im Funktionssystem Wirtschaft an, wo sie in die Sprache der Preise übertragen werden muß. Was mit dem ursprünglichen Erkenntnisgewinn und Informationsgehalt der Nachricht aus der Wissenschaft im Rahmen dieses mehrfachen Transformationsprozesses geworden ist, kann nicht generell beantwortet, sondern muß in Einzelfällen geprüft werden. Sicher ist hingegen, daß die Nachricht aus der Wissenschaft verändert wurde:

Daten und Informationen sind verloren gegangen, neue Daten und Informationen sind hinzugekommen.

Ziele: Der Zugang zur Umwelt

Die Codierung der beteiligten Funktionssysteme basiert auf deren genereller Zwecksetzung. Bei sozialen Systemen wie Unternehmen, Parteien, Vereinen tritt an die Stelle einer allgemeinen Zwecksetzung im Rahmen der Gesellschaft die konkrete Zwecksetzung des Systems.

Nun ist Kommunikation allein nicht in der Lage, zum Beispiel physische Veränderung in der natürlichen Umwelt zu bewirken. Es muß noch etwas hinzukommen: operative Mittel. Kommunikation + operative Mittel ergeben zusammen ein Handlungssystem. Trifft ein solches Handlungssystem im Rahmen seiner Sinnselektion bzw. gesellschaftlichen Kommunikation auf einen Sachzusammenhang, so wird – wie in Abb. 5 und im Text beschrieben – geprüft, ob an diesem Sachverhalt Interesse besteht.

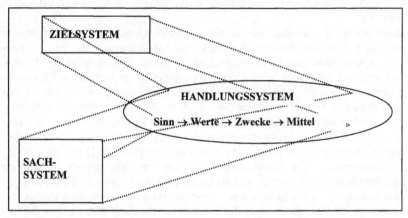

Abb. 7: Transformation eines Sachsystems in ein Zielsystem durch ein Handlungssystem (Voigt 1997, 363)

Interessen begründen sich weitgehend auf Absichten, die das System dem Sachverhalt entgegenbringt, also Ziele wie Gewinnerwartung, Macht und Einfluß, Erkenntnisgewinn. Es ist nicht der Gegenstand als solcher, der das Interesse eines Systems findet, sondern die Vorstellung, was das System mit diesem Sachverhalt tun möchte und könnte. Der ausgewählte Sinnzusammenhang wird mit Werten verglichen, die dem System allgemein zugrunde liegen sowie folgend mit den Zwecksetzungen des Systems. Schließlich wird geprüft, ob das System über die notwendigen operativen Mittel verfügt, ein mit dem Sachverhalt verbundenes Ziel zu realisieren (Abb. 7).

Diese Prozesse sind im Rahmen der Psychologie (Heckhausen u.a.), der Organisationswissenschaften (Weth 1990), der Betriebswirtschaftlehre (Meyer 1994) und der Kybernetik/Systemtheorie (Flechtner 1984, Zangemeister 1978 u.a.) gut untersucht.

Es wird deutlich, daß die Möglichkeiten der Gesellschaft, sich auf Fragen der natürlichen Umwelt einzustellen begrenzt, zumindest aber schwierig sind. Die Gesellschaft kann nicht als Ganzes auf die Natur als Ganzes reagieren, was die vielen Lücken, Versäumnisse und Fehler im Umgang mit natürlicher Umwelt und Ressourcen erklären kann. Bei aller Wertschätzung für naturwissenschaftliche Erkenntnisse und technische Errungenschaften: ohne ausreichende gesellschaftliche Kommunikation in den Funktionsbereichen sowie ohne entsprechende Handlungs- und Organisationsstrukturen, die dauerhaft in der Gesellschaft wirken, wird es nicht zu Lösungen in den oben genannten drängendsten Problembereichen kommen. Am Beispiel des Grundwassers kann dies sehr gut gezeigt werden.

Mangel: Kommunikation über Grundwasser

Verschiedene allgemein zugängliche Übersichten zum Zustand des Grundwassers in der BRD (z.B. SRU 1998) zeigen, daß die oberflächennahen Grundwasserkörper nahezu alle mehr oder weniger durch anthropogene Beeinflussungen verändert wurden. Das Wasserhaushaltsgesetz sieht zwar einen weitgehendes Schutz des Grundwassers vor, der Sachverständigenrat für Umweltfragen präferiert einen flächendeckenden Grundwasserschutz und die Wasserrahmenrichtlinie der Europäischen Union strebt einen guten Zustand des Grundwasserkörpers an.

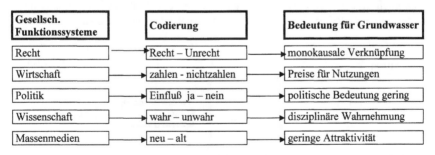

Tab. 2: Funktionssysteme der Gesellschaft und deren Beziehung zum Grundwasser (Voigt 2002, 61)

Trotzdem ist die Prognose für das Grundwasser nicht besonders gut, weil die wenige Kommunikation, die es zum Grundwasser gibt, sich weitgehend wieder auf wenige Fachkommunikation beschränkt.

Da sich die Verschmutzung des Grundwassers aus vielen Quellen speist, über die Luft, die Landnutzung, die Fließgewässer, müßte die Gesellschaft insgesamt eine vielfältige Kommunikation führen und ein differenziertes Handlungssystem aufgebaut haben. Dies ist jedoch nicht der Fall. Tabelle 2 zeigt vereinfacht die vorliegende Kommunikation in den bereits genannten Funktionssystemen der Gesellschaft.

Das Rechtssystem kann Belastungen des Grundwassers nur verhandeln, wenn einfache kausale Verknüpfungen vorliegen („Störer'). Multifaktorielle oder gar kollektive Beeinflussungen (z.B. über Stoffeinträge durch die Luft) können in der Regel nicht einem Rechtssubjekt direkt und ausschließlich zugerechnet werden. Die Wirtschaft braucht unter anderem die Beziehung zu einem marktfähigen Gegenstand oder müßte über Kosten betroffen sein. Die Bedeutung des Grundwassers für die Politik ist gering, solange sich keine eklatanten Sachverhalte einstellen und selbst in solchen Fällen wäre der politische Vorteil eher gering. Die Wissenschaft ist noch weit davon entfernt, das Grundwasser in seinen geologischen, hydrologischen, bodenkundlichen, nutzungs- und belastungsbezogenen Zusammenhängen als Ganzes zu erkennen und zu behandeln. Es dominiert die traditionelle disziplinäre Sichtweise. Für die Massenmedien schließlich ist einerseits das Problem sehr komplex und kann andererseits nicht ausreichend oft wiederholt werden, da der Erwartungswert solcher Nachrichten schnell erhöht und die Nachrichten dann nicht mehr wahrgenommen werden.

Ingenieurökologie: Ausblick

Schließlich ist noch zu klären, ob es möglich ist, sich im Rahmen der Ingenieurökologie mit den beschriebenen Sachverhalten und Problemen zu beschäftigen und sich nicht lediglich auf sogenannte naturnahe Technologien zu beschränken.

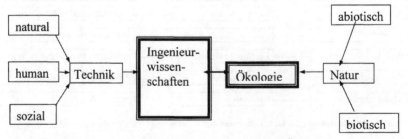

Abb. 8: Zusammenhang zwischen den Ingenieurwissenschaften und der Ökologie

Das Zusammentreffen von Ökologie und Ingenieurwissenschaften ist ein sehr voraussetzungsvoller Akt und diese Voraussetzungen sind außerordentlich unterschiedlich.

Auf der einen Seite die Anpassung an die jeweils vorhandenen stofflichen, energetischen und informationellen Bedingungen, ausgedrückt durch die Adaption der Sonnenenergie und deren Dissipation in Energiekaskaden, Stofferhalt, Symbiosen und dem Prinzip der Nähe, kurz: eine kontextbezogene Systemoptimierung mit sehr kurzen Reaktionszeiten auf Veränderungen, beschrieben unter anderem durch die Ökologie. Auf der anderen Seite die Erfüllung gesellschaftlicher Ziele nach gesellschaftlichen Funktionen, verbunden mit der irreversiblen Nutzung atomarer und fossiler Energien, der überwiegenden Einmalnutzung von Stoffen mit Dominanz der Abfallwirtschaft und die räumliche Verteilung von Nutzungen bis hin zur Globalisierung, kurz: eine anlagenbezogene Einzeloptimierung mit relativ langen Reaktionszeiten auf Veränderungen, mit besonderer Unterstützung durch die Ingenieurwissenschaften (vgl. Abb. 8). Die Ingenieurwissenschaften enthalten allerdings auch Elemente, die es ermöglichen, Natur und Gesellschaft in größerem Maße in Verbindung zu bringen als bisher.

Gegenstand der Ingenieurwissenschaften ist die Technik und diese ist natürlich auch und im besonderen Maße das konstruktive Zusammenfügen von Materialien. Sie ist aber auch der Betrieb der so konstruierten Anlagen und Produkte sowie der Gebrauch der technischen Hervorbringungen – und damit kommen weitere Aspekte ins Spiel, die erheblich über die häufig verkürzte Darstellung von Technik hinausweisen. Nicht umsonst spricht Ropohl (1979) von drei Dimensionen der Technik:

Die *naturale Dimension* entspricht zunächst diesem verkürzten Verständnis von Technik, weil hier vor allem naturgesetzliche Bedingungen zur Anwendung kommen. Wer sich jedoch mit der Geschichte der Technik und der Entwicklung und Anwendung von Konstruktions- und Gestaltungsprinzipien beschäftigt, erfährt sehr schnell, wie groß der örtliche und kulturelle Einfluß auf die in den Völkern gefundenen Lösungen ist. Technik konstruiert, betreibt und nutzt sich also nicht selbst, sondern wird sowohl im gesellschaftlichen Zusammenhang als auch von Individuen angewendet, so daß man auch von einer *humanen Dimension* und von einer *sozialen Dimension* von Technik sprechen kann.

Wenn also von Ingenieurökologie als Integration ökologischer Prinzipien in die Gesellschaft gesprochen wird, so wird man sich auch mit den Möglichkeiten der Gesellschaft beschäftigen und dazu auch die einschlägigen disziplinären und theoretischen Grundlagen heranziehen müssen.

Literatur

Busch, K.-F./Uhlmann, D./Weise, G. (Hg.)(1989): Ingenieurökologie. Jena: VEB Gustav Fischer Verlag.
Ellenberg, H. u.a. (1986): Ökosystemforschung. Ergebnisse des Solling-Projektes. Stuttgart: Ulmer.
Flechtner, H.-J. (1984): Grundbegriffe der Kybernetik. Stuttgart: Deutscher Taschenbuch Verlag.

Forrester, J.W. (1972): Grundzüge einer Systemtheorie. Wiesbaden: Gabler.

Luhmann, N. (1986): Ökologische Kommunikation. Kann die moderne Gesellschaft sich auf ökologische Gefährdungen einstellen? Opladen: Westdeutscher Verlag.

Luhmann, N. (1987): Soziale Systeme. Grundriß einer allgemeinen Theorie. Frankfurt/Main: Suhrkamp.

Meyer, M. (1994): Ziele in Organisationen: Funktionen und Äquivalente von Zielentscheidungen. Wiesbaden: Dt. Univ.-Verl./Gabler.

Prigogine, I./Stengers, I. (1981): Dialog mit der Natur. Neue Wege naturwissenschaftlichen Denkens. München/Zürich: Piper.

Ropohl, G. (1979): Eine Systemtheorie der Technik – Zur Grundlegung der Allgemeinen Technologie. München/Wien: Hanser.

Roth, G. (1998): Das Gehirn und seine Wirklichkeit – kognitive Neurobiologie und ihre philosophischen Konsequenzen. Frankfurt/M.: Suhrkamp.

SRU – Rat von Sachverständigen für Umweltfragen (1998): Flächendeckend wirksamer Grundwasserschutz. Stuttgart: Metzler-Poeschel.

Voigt, M. (1997): Die Nutzung des Wassers. Naturhaushaltliche Produktion und Versorgung der Gesellschaft. Berlin u.a.: Springer.

Voigt, M. (2002): Formelle und informelle Planungs- und Kommunikationsinstrumente zur Grundwasserbewirtschaftung – Kommunikation über Grundwasserbewirtschaftung als Beitrag zur Umsetzung. In: Stolpe, H. (Hg.)(2002): Nachhaltige flußgebietsbezogene Grundwasserbewirtschaftung. Texte zu Umwelttechnik+Ökologie im Bauwesen, H. 2.

Weth, R.v. (1990): Zielbildung bei der Organisation des Handelns. Europ. Hochschulschr., Reihe VI Psychologie, Bd. 303, Frankfurt/M. u.a.: Lang.

Zangemeister, Chr. (1978): Zur Methode systemanalytischer Zielplanung. Grundlagen und ein Beispiel aus dem Sozialbereich. In: Lenk, H./Ropohl, G. (Hg.): Systemtheorie als Wissenschaftsprogramm. Königstein/Ts.: Athenäum.

Dipl.-Ing. Julia Gesenhoff

**Dezentralisierung der Ver- und Entsorgungssysteme als ingenieuröko-
logisches Konzept - Einfluss der Siedlungsstruktur auf die Einsatzmöglichkeiten dezentraler Abwassersysteme**

Urbane Abwasserinfrastruktur

Leitziele für eine nachhaltige Entwicklung der Städte sind unter anderem niedrige Stoff- und Energieströme, Wertstoffrückgewinnung sowie geringste mögliche Schadstoffströme und Schadstoffrisiken. Diese Ziele können mit der konventionellen zentralen Abwasserentsorgung langfristig nicht erreicht werden. Es gibt zahlreiche Anlässe die technologischen Grundkonzepte der städtischen Abwasserinfrastruktur zu überdenken. In den nächsten Jahren werden erhebliche Investitionen für Betrieb und Instandsetzung der bestehenden Abwassersysteme erforderlich sein, die zu einem großen Teil der Ableitung und nur geringfügig der Reinigung der Abwässer dienen, welche die eigentliche Wertschöpfung darstellt. Zusätzliche Investitionen werden durch steigende emissions- und immissionsseitige Anforderungen in der Zukunft erforderlich. Entscheidungen über Neubau und Instandsetzungen von Ver- und Entsorgungssystemen haben aufgrund der Langlebigkeit der Systeme langfristige Konsequenzen. Hohe technologische Pfadabhängigkeiten bestehen, weil gewählte technische Lösungen Investoren, Betreiber und Nutzer langfristig binden und damit die Handlungsoptionen künftiger Generationen beeinflussen. Dennoch müssen statt einer Fortschreibung alternative Optionen für die urbane Abwasserinfrastruktur entwickelt werden. Abwasser und darin enthaltene Schmutzstoffe haben in Siedlungen verschiedenste Quellen. Es stehen, je nach der Konzentration mit der die Schmutzstoffe anfallen, unterschiedliche Transport- und Behandlungsmöglichkeiten zur Verfügung. Das in Westeuropa verbreitete Mischsystem stellt eine sehr große Transportkapazität wird zur Verfügung, die nur sehr selten ausgenutzt wird. Die Abwasserreinigung erfolgt bei geringen Temperaturen und niedrigen Schmutzstoffkonzentrationen. Die zentrale, aerobe Abwasserreinigung ist keine vollständige Reinigung, sondern eine Verlagerung von Problemstoffen zum Klärschlamm. Der Klärschlamm ist aufgrund der vielfältigen Schadstoffe im Abwasser zu einer Schadstoffsenke der kommunalen Abwasserreinigung geworden. Zugleich ist der Klärschlamm ein nicht unbedeutender Nährstoffträger. Die landwirtschaftliche Klärschlammverwertung hat eine lange Tradition und ist grundsätzlich als Düngemittel sinnvoll, da somit natürliche Kreisläufe geschlossen werden. Die Schadstoffgehalte, insbesondere Schwermetallbelastungen, schränken die Verwertung in der Landwirtschaft erheblich ein. Eine künftige Verwertung erscheint nur unter der Voraussetzung eines möglichst hohen Nährstoffgehalts und eines möglichst geringen Schadstoffgehalts ökologisch vertretbar.

Neben der landwirtschaftlichen Verwertung, die für Klärschlämme immer schwieriger wird, kann Klärschlamm entweder deponiert oder verbrannt werden. Eine Deponierung darf nur noch für Rückstände mit sehr geringem Glühverlust erfolgen. Eine Verbrennung des Klärschlamms ist aus energetischer Sicht nicht sinnvoll, da der Schlamm zu großen Teilen aus Wasser besteht. Erst die aufwendige Entwässerung und energieintensive Trocknung ermöglichen die Verbrennung. Die Reinigung der Abluft von Verbrennungsanlagen ist kostenintensiv und es gibt in der Bevölkerung eine geringe Akzeptanz dieser Anlagen. Aus dem Entsorgungsnotstand ergibt sich die Notwendigkeit über neue Konzepte nachzudenken. In der Siedlungswasserwirtschaft sind „end of the pipe"-Lösungen mit verschiedenen Reinigungsstufen entstanden, ohne dass die Konsequenzen dieser Lösung abgeschätzt wurden.

Während historisch vor allem reagiert wurde, muss heute vor dem Hintergrund einer angestrebten nachhaltigen Entwicklung die aktive Problemlösung betrieben werden.

Die Stoffe aus der Siedlungsentwässerung gelangen bei schlechten Reinigungsleistungen einer Kläranlage in die Gewässer und stehen damit dem Gewässerschutz entgegen. Bei effektiven Reinigungsverfahren und hoher Ablaufqualität des gereinigten Abwassers befinden sich die zurückgehaltenen Nähr- und Schadstoffe im Klärschlamm. Hohe Schadstoffgehalte im Klärschlamm führen zu einer Einschränkung der landwirtschaftlichen Verwertungsmöglichkeit. Eine Lösungsmöglichkeit ist, die Schadstoffbelastung an der Quelle zu reduzieren. Eine weitere Lösungsoption ist, die Quellen unterschiedlicher Schadstoffemissionen getrennt zu erfassen und so die Abwasserentsorgung nach Nutzern zu differenzieren. Ein Zusammenfassen von Produzenten gleicher Abwasserqualität ermöglicht die Optimierung geeigneter Reinigungsverfahren. Ziel dieser Vorgehensweise ist, nicht nur die Anforderungen der Reinigung, sondern auch die Qualität der Restprodukte in den Mittelpunkt zu stellen. Abwasserreinigung dient dem Gewässerschutz, d.h. gereinigtes Abwasser darf keine schädlichen Auswirkungen auf die Gewässerökosysteme haben. Die verbleibenden Abfall- und Reststoffe dürfen ebenfalls keine negativen Auswirkungen auf Boden und Gewässer haben.

Waste Design

Für den Umgang mit Schadstoffen gibt es verschiedene Möglichkeiten: Die wirkungsvollste Option ist auf den Einsatz von Schadstoffen zu verzichten. Nicht alle Schadstoffe, die ins Abwasser gelangen, sind wirtschaftlich oder technisch erforderlich und einige Schadstoffe sind substituierbar.

Eine weitere Option ist die Wiederverwendung von Schadstoffen durch die Schließung von Stoffkreisläufen. Nicht vermeidbare Schadstoffe sollten getrennt erfasst und nicht vermischt werden. Getrennte Abfallströme geben mehr Freiheitsgrade in der Behandlung und zur Nutzung der Abfallstoffe.

Die getrennte Einsammlung ist im Bereich der Siedlungsabfälle etabliert und in der Industrieabwasserbehandlung werden unterschiedliche Abwasserströme an der Quelle aufgetrennt. Die Industrieabwasserwirtschaft war in den letzten Jahren mit der getrennten Erfassung unterschiedlicher Abwasserqualitäten erfolgreich. Es wurden kostengünstige und angepasste Behandlungs- und Wiederverwendungsmöglichkeiten von Prozesswasser entwickelt. In der Siedlungswasserwirtschaft werden entsprechende Lösungen weiterentwickelt werden müssen. Die Abwasserreinigung nutzt als wichtigsten Prozess die Umwandlung von Schadstoffen in Stoffe die weniger schädlich sind, problemlos entsorgt oder genutzt werden können. Neben den Optionen zur Vermeidung von Schadstoffeinträgen in die aquatische Umwelt braucht eine nachhaltige Siedlungswasserwirtschaft Optionen zur Nährstoffrückgewinnung. Pilotprojekte (Lübeck Flintenbreite, Knittlingen Am Römerweg) zeigen, dass auch für den häuslichen Abwasseranfall ein Abweichen von der Vermischung aller im Haushalt anfallenden Abwasserströme möglich ist. Die Rückgewinnung der Abwasserinhaltsstoffe ist bei hohen Konzentrationen verfahrenstechnisch leichter realisierbar. Das Abwasser wird mit der üblichen Spültoilette zu stark verdünnt, um eine sinnvolle Stoffnutzung zu erreichen. Ziel einer teilstromorientierten Siedlungsentwässerung und Abwasserreinigung ist, die Anlagen der Abwasserreinigung nicht nur als Entsorgungsanlagen sondern auch als Produktionsanlagen zu nutzen, indem z.B. die Erfassung des Teilstroms Toilettenabwasser eine gezielte Dünger- und Energiegewinnung ermöglicht. In innovativen Sanitärkonzepten wird das ganze Ver- und Entsorgungssystem durchdacht und gestaltet. Durch getrenntes Erfassen der Abwasser- und Abfallströme wird mehr Freiheit in der Wahl von situationsgerechten Entsorgungssystemen erreicht. Weil keine Kompatibilität dieser Konzepte zum vorhandenen Abwassersystem vorliegt, erfordern sie einen deutlichen Umbau der Abwasserinfrastruktur. Ein wesentlicher Schritt hierzu ist die Trennung des Toilettenabwassers vom Grauwasser.

Es gibt zahlreiche Einzeltechnologien dezentraler Abwasserentsorgung, die in unterschiedlichen Kombinationen verschiedene Systemlösungen ergeben können. Mögliche Meilensteine für „Waste Design" (ATV 2002) beschreiben die verschiedenen Möglichkeiten der Siedlungswasserwirtschaft im Umgang mit den Abwasserteilströmen. Die heutige Abwasserentsorgung erfolgt selten teilstromorientiert. Seit einigen Jahren hat sich eine erste Trennung der Abwasserteilströme dahingehend durchgesetzt, dass das Regenwasser nach Möglichkeit am Ort seines Anfalls versickert wird und abhängig von der lokalen Geologie das Grundwasser angereichert wird. Die Regenwasserversickerung hat zur Folge, dass weniger Regenbecken nötig sind und weniger Mischwasserentlastungen auftreten.

Ein nächster Schritt des Waste Design ist die Urinseparierung.

Die Menge des anfallenden Urins beträgt nur einen geringen Teil des häuslichen Abwasservolumens, enthält aber einen Großteil der Nährstoffe. Eine separate Sammlung und Behandlung ermöglicht eine effizientere Gestaltung der Abwasserbehandlung. Die unverdünnte oder gering verdünnte Erfassung in hohen Konzentrationen dient einer Weiterverarbeitung und Nutzung des Urins. Die Nährstoffe aus dem Urin können als Dünger in die Landwirtschaft zurückgebracht werden. Dies ist vor allem für Phosphor wichtig, der eine endliche, aber lebensnotwendige Ressource ist. Verfahren zur Herstellung von Dünger aus Urin sind in der Entwicklung.

Neben der Urinseparierung gibt es die Möglichkeit die Fäkalien vom übrigen Abwasser zu trennen. Die Fäkalienabtrennung reduziert die Fracht an organischen Stoffen um ca. ein Drittel bis die Hälfte. Hygienische Probleme bei der Abwassereinleitung werden deutlich vermindert und das Recycling von Phosphor in die Landwirtschaft wird erleichtert. Ein weiterer Schritt ist die kombinierte Sammlung von Urin und Fäkalien durch getrennte Erfassung des Toilettenabwassers in geringer Verdünnung.

Statt Urin zu separieren, können die beiden Teilströme des Toilettenabwassers als Schwarzwasser gemeinsam erfasst und behandelt werden. Vakuumtoiletten ermöglichen eine getrennte Erfassung und Anaerobbehandlung der Toilettenabwässer bei geringer Spülwassermenge. Neben dem Wasserspareffekt liegen die Vorteile eines Vakuumsystems in kleinen Rohrdurchmessern und flexibler Rohrverlegung sowie in der Selbstreinigung durch hohe Strömungsgeschwindigkeiten. Undichtigkeiten können durch ansteigenden Druckverlust festgestellt werden. Nachteile des Vakuumsystems liegen beim Energiebedarf und höheren Kosten. Ein Vakuumsystem ist mit einer Biogasanlage kombinierbar. Durch Vergärung des gering verdünnten Toilettenabwassers und des in Siedlungen anfallenden Biomülls wird der regenerative Energieträger Methan gewonnen, der energetisch verwertbar ist. Die anaerobe Mineralisierung erfüllt die Forderungen nach nachhaltiger Abfallentsorgung und nach regenerativer Energieproduktion. Erst über die energetische Nutzung des Biogases wird der anaerobe Vergärungsprozess zu einem Verfahren mit einer positiven Energiebilanz. Das in Siedlungsgebieten anfallende Biogas kann in Blockheizkraftwerken genutzt werden.

Die Vergärung von organischen Reststoffen ist sowohl unter ökologischen als auch unter ökonomischen Gesichtspunkten als sinnvoll zu bewerten. Hier besteht noch weiterer Forschungs- und Entwicklungsbedarf. Ingenieurökologie ist an dieser Stelle gefordert, Systemlösungen zu entwickeln, die vorhandene technische Einzelkomponenten im Sinne einer nachhaltigen Siedlungsentwässerung optimieren.

Flächenbedarf

Für die Integration einer dezentralen Abwasserbehandlung in städtische Strukturen ist die Frage nach dem Flächenbedarf verfügbarer Technologie entscheidend. Abwasserkonzepte, die eine getrennte Erfassung der Schadstoffe und Nährstoffe in der Siedlungsentwässerung ermöglichen, müssen weiter entwickelt und erprobt werden. Für neue Abwasserkonzepte gibt es viele Möglichkeiten, die sich im Betrieb von Pilotprojekten bewähren müssen.

In verschiedenen Projekten werden derzeit Handlungsspielräume neuer Abwasserbeseitigungskonzepte identifiziert und konkrete technische Umsetzungen erprobt. In Modellprojekten werden neue Lösungen am Beispiel von Neubaugebieten untersucht, die ideale Randbedingungen für Erprobung bieten können. Die dezentrale Abwasserentsorgung funktioniert nicht durch einzelne dezentrale Anlagen, sondern als System verschiedener technischer Komponenten, welche in die Gesamtkonzeption eingebunden werden.

Für größere, neue Überbauungen in Pilotprojekten eignet sich folgendes System (Otterpohl 2001): Fäkalien und Urin werden zusammen mit zerkleinerten organischen Abfällen mit Hilfe eines wasser- und energiesparenden Vakuumsystems einem Biogasreaktor zugeführt. Die Vergärung reduziert das Volumen und stellt Biogas und damit auch den regenerativen Energieträger Methan bereit. Das anfallende Grauwasser wird ohne Fremdenergie im Bodenkörper gereinigt und einer Vorflut zugeführt. Die Pflanzenkläranlagen zur Grauwasserreinigung sind kostengünstig und energiesparend. Inzwischen gilt Abwasserreinigung in bewachsenen Bodenfiltern als anerkanntes Verfahren nach dem Stand der Technik. Nachteil dieses Verfahrens ist aus stadtplanerischer Sicht der große Flächenbedarf der Anlagen. Das Regenwasser wird je nach örtlichen Gegebenheiten möglichst versickert oder genutzt. Die Rückstände aus der Biogasanlage sind reich an organischen Reststoffen und Nährstoffen und können in der Landwirtschaft genutzt werden. Dieses System kann von Grund auf ressourcenschonend, wasser- und energiesparend gestaltet werden.

Eine zentrale Zukunftsaufgabe wird nicht der Neubau von Wasserinfrastruktursystemen, sondern die Modernisierung im Bestand und Umgestaltung nach dem Leitbild der nachhaltigen Entwicklung sein. Um praktische Erfahrungen bei der Planung und Durchführung technologischer Systemwechsel in Systemen hoher technologischer Pfadabhängigkeit sammeln zu können, sind mehr Pilotprojekte notwendig. Neben der Erprobung und Sammlung von Erfahrungen in Neubauprojekten muss die Entwicklung von Umbaukonzepten für den Siedlungsbestand stehen. Die Installation eines ökologischen Sanitärkonzepts „auf der grünen Wiese" ist ohne weiteres möglich, aber in bestehenden Siedlungen ungleich schwieriger zu realisieren.

Eine ingenieurökologische Aufgabe ist die Bestimmung der Flächenansprüche alternativer Sanitärkonzepte.

Nicht nur der Flächenbedarf der einzelnen Technologien, sondern der Flächenbedarf des Gesamtsystems ist die für die Integration in den Siedlungsbestand wichtig. Die zentrale Frage zur Entwicklung von langfristigen Umbaustrategien ist die städtebauliche Integrierbarkeit in gewachsene Strukturen.

Siedlungsstruktur

Eine offene Frage ist, welche Siedlungsstrukturen eine dezentrale Abwasserbewirtschaftung ermöglichen. Die Siedlungsstruktur gehört zu den wesentlichen Einflussfaktoren der Wahl dezentraler Abwassersysteme. Dezentrale Abwassersysteme haben am Ort des Abwasseranfalls einen höheren Flächenbedarf als die Ableitung über das Kanalnetz, so dass städtebauliche Rahmenbedingungen bei der Wahl der Entsorgungskonzepte wichtig sind. Es liegt keine systematische Untersuchung vor, welche städtebauliche Dichte bestimmte Abwasserkonzepte ermöglicht oder verhindert. Untersuchungen der Siedlungsstruktur gibt es hingegen in der Energiewirtschaft. Anfang der Achtziger Jahre (Roth 1980) wurde erstmals der Zusammenhang zwischen Siedlungsstruktur und Wärmeversorgungssystem untersucht. Ziel der typisierenden Beschreibung der Raum- und Siedlungsstruktur ist vielfältige bauliche und raumstrukturelle Sachverhalte für die Zwecke der Untersuchung geeigneter Wärmeversorgungssysteme operabel, also anschaulich und quantifizierbar zu machen.

Bei der Siedlungstypmethode wird der Wärmebedarf nicht gebäudescharf, sondern für einzelne Siedlungsgebiete unterschiedlicher Größe ermittelt. Die Siedlungstypmethode fasst verschiedene Gebäudetypen in Abhängigkeit von deren Anzahl pro Quadratkilometer Siedlungsfläche und deren geographischen Verteilung entlang von Straßen zu einem Typ zusammen. Basierend auf den statistischen Auswertungen der Siedlungstypen können unterschiedliche Basisbausteine für die Siedlungstypen bestimmt werden. Die Basisbausteine beinhalten den für den Siedlungstyp charakteristischen Straßenverlauf, die Anordnung Gebäude-Straße und die Anzahl der Gebäude pro Zelle.

Die Betrachtung der Siedlungstypen kann auch für die Abwasserentsorgung herangezogen werden, allerdings nach anderen Kriterien als in der Energiewirtschaft. Die einzelnen Siedlungstypen sind durch ein städtebauliches Erscheinungsbild und teilweise durch den Zeitpunkt des Baus definiert. Für die Wahl des Abwasserkonzepts ist das städtebauliche Erscheinungsbild vordergründig nicht relevant. Allerdings sind städtebauliche Daten wie die Einwohnerdichte und Größe und Verteilung von Freifläche entscheidend.

Ziel der Typisierung von Siedlungsgebieten ist es, für bestehende Bebauungsgebiete den Abwasseranfall und mögliche Entsorgungsstrategien zu bestimmen.

Da die Zukunftsaufgabe der Umbau der Entsorgungsstrukturen im Bestand sein wird, müssen Empfehlungen für die Siedlungstypen entwickelt werden. In städtischen Strukturen müssen Räume nach Verwertungsmöglichkeiten der Abwasserinhaltsstoffe sinnvoll abgegrenzt werden. Die siedlungsstrukturelle Betrachtungsweise findet auf der Ebene zusammenhängend bebauter Gebiete homogener Siedlungsstruktur statt, die durch Siedlungstypen bestimmt sind. Siedlungsgebiete und Stadtteile einer Stadt bestehen aus mehreren Siedlungstypen. Zukünftige Systeme dürfen nicht einfach anhand heutiger Raum- und Siedlungsstruktur geprüft werden, weil Infrastrukturplanungen langfristige Wirkungen haben.

Siedlungsszenarien und deren Auswirkung auf die Infrastruktur müssen berücksichtigt werden. Mit Hilfe von Raum- und Siedlungsszenarien kann jene Bausubstanz ermittelt werden, für die abwassertechnische Neuerungen möglich erscheinen.

Zur Ermittlung dieser Bausubstanz helfen städtebauliche Daten, die Rahmenbedingungen für dezentrale Abwasserbehandlung bilden. Die Einwohnerdichte bestimmt den Abwasseranfall in einem Einzugsgebiet. Die Bebauungsdichte gibt Aufschluss über mögliche verfügbare Flächen. Die Abwasserbeschaffenheit wird durch die Flächennutzung wesentlich mitbestimmt. Von einer gewerblich genutzten Fläche sind andere Abwasserinhaltsstoffe zu erwarten als bei einem reinen Wohngebiet. Neben der baulichen Dichte ist insbesondere die Verteilung von Freiflächen interessant für die Umbaumöglichkeiten der Abwasserentsorgung im Siedlungsbereich. Die Lage von Freiflächen bestimmt die Lage von Anlagen mit großem Flächenbedarf. Informationen zur Grünraumgestaltung lassen Hinweise zu, ob sich z.B. naturnahe Anlagen (bewachsene Bodenfilter) in die Siedlung integrieren lassen. Die Lage zum Vorfluter ist für den Ablauf des gereinigten Wassers wichtig. Bei ungünstiger Lage muss Wasser weiterhin über lange Kanalisationsnetze abtransportiert werden. Auf jeden Fall muss eine Vermischung mit anderen Abwasserteilströmen unterbleiben. Eine Versickerung des gereinigten Grauwassers in das Grundwasser ist aus Platzmangel und Gründen des Grundwasserschutzes nicht immer möglich. Unter dem Aspekt der Verwertbarkeit der Reststoffe müssen Siedlungseinheiten nach Verwertbarkeit der Abwasserbestandteile und Flächenverfügbarkeit für dezentrale Reinigungsanlagen abgegrenzt werden.

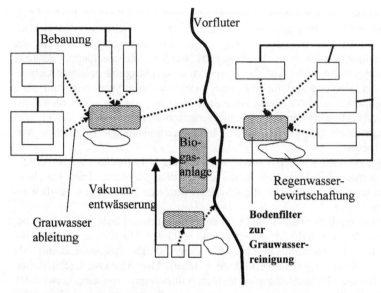

Abb. 1: Schema einer Siedlungseinheit

Ein Einzugsgebiet einer dezentralen Abwasserentsorgung sollte eine möglichst homogene Qualität der Stoffströme aufweisen um die Behandlungs- und Verwertungsmöglichkeiten zu optimieren. Ziel der Gebietsabgrenzung ist es, Zuordnungsempfehlungen für Abwasserentsorgungskonzepte nach Siedlungstyp zu entwickeln. Welche Abwassersysteme in konkreten Fällen zu welchen Siedlungen passen, müssen in jedem einzelnen Anwendungs- und Entscheidungsfall bestimmt werden. Die Untersuchung der einzelnen Siedlungstypen kann erste Empfehlungen für die Entwicklung von Entsorgungskonzepten geben.

Umbaupotenziale und Hemmnisse

Die dezentrale Abwasserentsorgung ist im ländlichen Raum eine akzeptierte Alternative. Im Sinne einer städtischen Kreislaufwirtschaft sind dezentrale Entsorgungssysteme auch für den urbanen Raum interessant.
Allerdings sind die im ländlichen Raum bewährten Möglichkeiten nicht entsprechend für den städtischen Raum geeignet. Es muss herausgearbeitet werden, welche Sanitärkonzepte als Alternative zum konventionellen System für den städtischen Raum geeignet sind. Für den Wechsel von konventionellen zu ökologischen Sanitärkonzepten müssen Umbaustrategien für den Bestand entwickelt werden. Die Wahl des Systems ist abhängig von der technischen Realisierungsmöglichkeit im konkreten Fall.

Dezentrale Ver- und Entsorgungssysteme in Städten als ing.-ökolog. Konzept 173

Bauliche Dichte, Einwohnerzahl und die Flächennutzung des betrachteten Raumes bestimmen die nutzbaren Systemkomponenten. In der Siedlungswasserwirtschaft werden technische Systeme betrieben, die eine sehr lange Lebenserwartung haben. Der Übergang von heutiger Technologie zu zukünftigen nachhaltigen Technologien hat damit große Bedeutung. Die Neu- oder Umgestaltung des tradierten Systems wird durch einige Besonderheiten erschwert. Die Lebensdauer mancher Systemkomponenten beträgt mehrere Jahrzehnte, so dass langfristige Bindungen bestehen. Diese Bindungen bestehen auch wegen der unterirdischen Lage des Kanalnetzes und der auf dieses System abgestimmten Technologien. Übergangsphasen müssen in den Entwurf von neuen Technologien einbezogen werden.

Die Kosten neuer Technologien können nicht exakt benannt werden. Es kann nur strategisch argumentiert werden. Im Prinzip ist es möglich die Einsparungen im heutigen System zu quantifizieren, allerdings bringen fehlende Daten und die Abhängigkeit der Kosten von lokalen Bedingungen große Unsicherheiten in die Berechnungen. Aufgrund der Kostenverteilung in der Siedlungswasserwirtschaft sind mögliche Verschiebungen in den Kostenfunktionen zu beachten. Ein Aspekt bei der Reduzierung der Kosten besteht darin bei der Abwasserreinigung zu sparen, ein anderer durch den Einsatz neuer Technologien den Transport zu verbilligen. Die vorhandene Abwasserinfrastruktur stellt einen beträchtlichen Wert dar, weil mehrere Generationen in diese investiert haben.

Da Investitionen in die Abwasserentsorgung in der Regel einen hohen Kapitaleinsatz erfordern, liegt der Schwerpunkt heute bei dem Erhalt des bestehenden Systems. Es gibt einen sehr hohen Sanierungsaufwand, weshalb neben der Sanierung über konzeptionelle Neu- oder Umgestaltung dieses Systems nachgedacht wird. Die erforderliche Umsetzung neuer Konzepte wird jedoch von der durch lange Lebensdauer und hohe Kapitalintensität vorhandener Systeme ausgelösten Pfadabhängigkeit verhindert. Eine funktionsfähige Abwasserentsorgung wird in der Gesellschaft als Selbstverständlichkeit angesehen und ihr wird kaum Beachtung geschenkt. Investitionen in das Kanalnetz oder eine Umsetzung langfristig nachhaltiger Konzepte sind für Politiker wenig attraktiv, da sie keinen Imagezugewinn versprechen. Knappe Mittel werden eingesetzt, um das bestehende System notdürftig funktionsfähig zu halten, verstärken den immer größer werdender Sanierungsbedarf und jede Sanierungsinvestition verstärkt die Bindung an das bestehende System.

Die Gestaltung neuer Infrastruktursysteme für die urbane Abwasserentsorgung darf sich nicht ausschließlich an wirtschaftlichen Überlegungen orientieren. Nach dem Leitbild der nachhaltigen Entwicklung müssen gleichberechtigt soziale und ökologische Aspekte berücksichtigt werden.

Der Bau und Betrieb von naturnahen, dezentralen Abwasseranlagen stellt allein noch keinen Beitrag zu nachhaltigen ökologischen Wirtschaften dar. Ingenieurökologie ist mehr als der Einsatz von Umwelttechnik, so dass jede nachhaltige ökologische Planung mehrere Wirkungsbereiche haben sollte:

die Einflussnahme auf die räumliche Umwelt und die Einflussnahme auf das in-
dividuelle und soziale Verhalten gegenüber der Umwelt.

Das Umweltverhalten ist vor allem eine Frage der Kommunikationsstrukturen,
die in dezentralen, erfahrbaren Systemen besser ausbildbar sind als in zentralen
Systemen.

Eine dezentrale Abwasserentsorgung, die verwertbare Reststoffe produzieren
soll, erfordert ein erhöhtes Maß an Verantwortung der angeschlossenen Einwohner und besteht ein hoher Informationsbedarf der Bewohner.

Die schrittweise Nachrüstung von bestehenden Siedlungen erscheint eher auf-
wendig und bedingt den langjährigen und aufwendigen Unterhalt von Parallel-
systemen. Zunächst könnten die Toilettenabwässer abgekoppelt werden und
später die getrennte Erfassung der Grauwassers erfolgen. Ein Anschluss an die
konventionelle Kanalisation ist dann nicht mehr nötig. Es fehlen Umbaustrategien, die einen Systemwechsel ermöglichen, da Pilotprojekte bisher nur im
Neubau oder für Einzelgrundstücke umgesetzt wurden. Zu der Entwicklung von
Umbaustrategien gehört die Bewältigung von Übergangsphasen. Besonders
günstige Voraussetzungen für einen Umbau gibt es in Siedlungsgebieten mit besonders hohem Bevölkerungsverlust und hohem Sanierungsbedarf. Hier werden
Investitionen notwendig, die eine Alternativlösung durchaus konkurrenzfähig
erscheinen lassen. Ein wesentliches Designkriterium alternativer Sanitärkonzepte ist die Flexibilität und Anpassungsfähigkeit an geänderte Rahmenbedingungen, womit sie den konventionellen Systemen überlegen sind.

Dezentrale Abwassersysteme können nur eine sinnvolle Alternative der Entsorgung sein, wenn der störungsfreie Betrieb der Systeme gewährleistet werden
kann. Für den Betrieb und die Wartung der Systemelemente im Einzelnen
könnten dienstleistende Fachbetriebe beauftragt werden oder kommunale Be-
triebe müssten diese Aufgabe übernehmen, wie es bei der zentralen Lösung auch
der Fall ist. Mit Hilfe moderner Kommunikationstechnologie ist eine Fernüber-
wachung der Anlagen möglich. Störungen können so schnell erkannt und durch
fachkundiges Personal behoben werden. Dezentrale Anlagen sollten im or-
ganisatorischen Verbund betrieben werden. Während die Infrastruktur dezentral
eingerichtet wird, können Steuerung, Wartung, Materialbeschaffung und Rech-
nungswesen weiterhin zentral organisiert werden.

Ausblick

Einem breiten Einsatz dezentraler Abwassersysteme steht ein großer Forschung-
und Entwicklungsbedarf entgegen. Der Flächenbedarf dezentraler Systeme und
deren Zuordnungsmöglichkeiten zu baulichen Strukturen müssen ermittelt
werden. Im technischen Bereich steht die Weiterentwicklung von Sensorik und
Logistik dezentraler Abwassersysteme im Mittelpunkt.

Für die Reststoffverwertung müssen möglichst dezentrale Entsorgungskonzepte zur Düngernutzung und Vermeidung langer Transportwege entwickelt werden. Unter der Voraussetzung, dass eine getrennte Erfassung der Abwasserteilströme im städtischen Raum gelingen würde, hätte man zwei Endprodukte: Aus der getrennten Erfassung der Fäkalien und des Biomülls kann nutzbarer Dünger gewonnen werden. In Siedlungsgebieten, in denen für eine Wiederverwertung der Reststoffe zu stark belastetes Abwasser anfällt, gibt es nach wie vor Klärschlamm als Sammelmedium der anfallenden Nähr- und Schadstoffe. Die getrennte Erfassung und Verwertung des Abwassers aus Siedlungsgebieten im Sinne einer Kreislaufwirtschaft setzt die landwirtschaftliche Verwertung des produzierten Düngers voraus. Um die Akzeptanz dieses Produktes in der Landwirtschaft zu erhöhen, muss die Pflanzenverfügbarkeit der Nährstoffe untersucht und eine Qualitätssicherung des Düngers gewährleistet sein. Ein Entsorgungskonzept muss auch die nach wie vor anfallenden nicht verwertbaren Reststoffe, z.B. Schlämme aus Gewerbegebieten, berücksichtigen.

Der Einsatz innovativer Sanitärkonzepte ist ein Wandel von reaktivem zu aktiven Handeln. Mit der Wahl des Sanitärkonzepts wird die Entscheidung getroffen, ob Abfallprobleme mit Gewässerbelastungen entstehen oder ob im Sinne der Kreislaufwirtschaft Dünger erzeugt wird.

Die Gewässer werden bei getrennter Erfassung und Behandlung der Abwasserteilströme deutlich geringer aus Punktquellen mit Nähr- und Schadstoffen belastet werden.

Für die kommunale Abwasserentsorgung gilt, dass eine nachhaltige Entwicklung nicht mit einer einzigen großtechnischen Lösung, sondern nur über das Neben- und Miteinander unterschiedlicher Systemkonzeptionen zu erreichen ist, mit welchen den örtlichen Rahmenbedingungen in angemessener Weise Rechnung getragen wird. Zu diesen örtlichen Rahmenbedingungen gehört auch die Siedlungsstruktur, so dass es eine ingenieurökologische Aufgabe der Zukunft sein wird für verschiedene Siedlungstypen Abwasserentsorgungssysteme zu entwickeln.

Literatur

ATV-DVWK Arbeitsgruppe GB-5.1 (2002) Überlegungen zu einer nachhaltigen Siedlungswasserwirtschaft. ATV-DVWK Arbeitsbericht. Gesellschaft zur Förderung der Abwassertechnik. Hennef

Hochbach, J.; Huber, J. Schultz, T. (2003): Nachhaltigkeit und Innovation – Rahmenbedingungen für Umweltinnovationen. ökom Verlag. München

Kahlenborn, W.; Kraemer, A. (1999): Nachhaltige Wasserwirtschaft in Deutschland. Springer Verlag. Berlin

Otterpohl, R. (2001): Erste Erfahrungen mit alternativen Abwasserentsorgungsanlagen. In: Dohmann, M. (Hrsg.): 34. Essener Tagung für Wasser- und Abfallwirtschaft. Gesellschaft zur Förderung der Siedlungswasserwirtschaft. Aachen

Prager, J. (2002): Nachhaltige Umgestaltung der kommunalen Abwasserentsorgung – eine ökonomische Analyse innovativer Entsorgungskonzepte. ISL-Verlag. Hagen

Roth, U. (1980): Wechselwirkungen zwischen der Siedlungsstruktur und Wärmeversorgungssystemen. Schriftenreihe Raumordung des Bundesministers für Raumordnung, Bauwesen und Städtebau. Bonn

Schäfer, J. (1998): Verfahrenstechnische Untersuchungen zur Vergärung von Biomüll und Klärschlamm. Fraunhofer IRB Verlag. Stuttgart

Prof. Dr.-Ing. Manfred Voigt

„Nach dem Möglichkeiten des Ortes ..." - Dezentrale Ver- und Entsorgungssysteme in Städten als ingenieurökologisches Konzept –

Zusammenfassung

Angestoßen durch die Debatte über den Begriff der Nachhaltigkeit rücken neue
Sichtweisen in das Blickfeld der umwelt- und ressourcenbezogenen Weiterentwicklung der Gesellschaft. Es zeigt sich, daß nicht nur der Begriff ‚Nachhaltigkeit' schlecht definiert ist, sondern daß auch die Natur nicht ‚verlustfrei wirtschaftet'. Wenn also kein stationärer Endzustand verfügbar ist, bekommen
Minimierungsprozesse zentrale Bedeutung. Die Minimierung von Klima- und
Umweltauswirkungen setzt sinnvollerweise an den Orten an, von denen diese
Auswirkungen ausgehen; das sind weltweit vor allem die Städte. Es müssen
neue Optimierungskriterien für die Entwicklung alter und neuer Städte entwickelt werden, die vor allem auf die globalen, regionalen und lokalen Umwelt-
und Ressourcenprobleme gerichtet sind. Dazu ist eine Ingenieurökologie des
Ortes erforderlich, die mit angepaßten Systemen aus dezentraler Technologie
und Organisation vor allem die Gebiete der Städte selbst für die erforderlichen
Ver- und Entsorgungsbedarfe verwendet.

Nachhaltigkeit und Ingenieurökologie

Der Begriff der Nachhaltigkeit benennt ein schlecht definiertes Problem.
Schlecht definiert insoweit, als es kaum möglich ist, naturwissenschaftliche,
technische, ökologische, wirtschaftswissenschaftliche und sozial-
wissenschaftliche Grundlagen als Anhaltspunkte dafür zu finden, eine Nach-
haltigkeitsvermutung theoretisch fundiert auszusprechen.
Naturwissenschaftlich gesehen ist die Erde ein energetisch offenes System,
deren interne Prozesse gestützt durch Sonnenenergie fernab vom thermo-
dynamischen Gleichgewicht irreversibel ablaufen. Hier einen stationären auch
stofflich verlustfreien – nachhaltigen – Zustand zu beschreiben, ist bisher noch
nicht gelungen, denn die Natur selbst arbeitet nicht verlustfrei (falls dieser
Begriff für die Natur überhaupt angebracht ist), wie nachfolgend behandelt wird.
    Den atmosphärischen Einträgen von gelösten Stoffen stehen Austräge auf
den jeweils betrachteten Landausschnitten gegenüber. Die Austräge stellen
einen Verlustfaktor dar. Diese chemische Denudation und der Ionenabfluß mo-
biler Stoffkomponenten mit niedrigerem Ionenpotential repräsentieren dabei
sowohl die extremsten stofflichen Differenzierungen innerhalb der Lithosphäre
als auch den intensivsten Stoffaustauschprozeß zwischen Litho- und Hydro-
sphäre (vgl. Seim/Müller/Rösler 1976).

Nach Berechnungen zur mechanischen, chemischen und Gesamtdenudation der Erde verschiedener Autoren ergibt sich als wahrscheinlichste Größenordnung für die Gesamtdenudation $22 \cdot 10^9$ t/a, an der die mechanische Denudation mit $18,4 \cdot 10^9$ t/a (83,6 %) und die chemische Denudation mit $3,6 \cdot 10^9$ t/a (16,4 %) beteiligt sind. „Da die Sedimentgesteine insgesamt auf magmatische Ausgangsgesteine mit durchschnittlich granodioritischer Zusammensetzung zurückgeführt werden können, durchläuft die Gesamtmenge der Sedimente von $2,4 \cdot 10^{18}$ t (Li 1972) bis $3,2 \cdot 10^{18}$ t (Mackenzie/Garrels 1966) unter der Annahme relativ gleichbleibender Flußwasserzusammensetzung den exogenen Zyklus in 1,1 bis $1,4 \cdot 10^8$ Jahren, wobei sich unter Annahme im wesentlichen unveränderter Sedimentationsbedingungen seit dem Kambrium ein 5,5- bis 4,3-facher Sedimentumsatz ergäbe. Folgt man den Angaben Zverevs (1973), daß seit dem Phanerozoikum $0,69 \cdot 10^{18}$ t gelöste Salze ins Weltmeer abgeführt worden sind, wäre bei $0,51 \cdot 10^{18}$ t gegenwärtig in der Erdkruste vorhandener Karbonat- und Halogengesteine bereits die Hauptsubstanz der chemischen Denudation zugänglicher Karbonat- und Hologengesteine mobilisiert worden. (53) ...“ (Aurada 1981, 53-60).

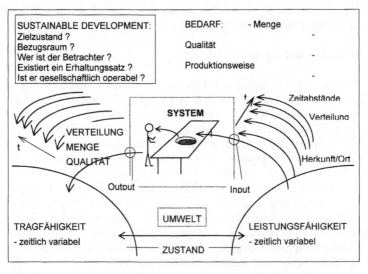

Abb. 1: Nachhaltige Entwicklung – System, Umwelt, Fragen (Voigt 1997, 384; verändert); Erläuterungen im Text

Unter dem Einfluß der menschlichen Gesellschaft, die weitgehend in offenen Prozeßketten wirtschaftet, erscheint es nahezu unmöglich, einen stationären – nachhaltigen – Zustand zu beschreiben. Dazu müßte man sich einen Zustand vorstellen, dessen Variable bekannt und zielgenau steuerbar sind. Nachhaltigkeit müßte zwischen den Begriffen Leistungsfähigkeit und Tragfähigkeit des Naturhaushaltes vermittelt werden (s. Abb. 1). Leistungsfähigkeit beschreibt die Grenzen der Leistungen, die der Naturhaushalt für die Versorgung der Gesellschaft – im Sinne der Nachhaltigkeit dauerhaft – erbringen kann. Sie ist räumlich und zeitlich variabel und das Wissen darüber ist unvollständig. Variabel sind auch die Bedarfe an Leistungen und zwar bezüglich der Quantität und Qualität sowie weiterer wirtschaftlich gesellschaftlicher Bedingungen wie Produktionsweisen, gesellschaftlicher Aufwand, Besitzverhältnissen an Ressourcen und Produktionsmitteln sowie verfügbare Technologie. Schließlich muß auch die Aufnahmekapazität (Tragfähigkeit) des Naturhaushaltes bekannt sein. Sie ist ebenfalls räumlich und zeitlich variabel und das Wissen darüber ist unvollständig ebenso wie die gegenseitige Abhängigkeit zwischen Leistungsfähigkeit und Tragfähigkeit.

Generell ergeben sich daraufhin Fragen zum Leitbild ‚sustainable development', die noch nicht ausreichen beantwortet sind (s. Abb. 1, Kasten links oben). Ein quasi-stationärer – nachhaltiger – Ziel- bzw. Endzustand müßte beschrieben werden. Ließe sich dieser für die gesamte Erde oder nur für Teilräume beschreiben lassen? Da es letztlich kein abgeschlossenes Wissen über einen nachhaltigen Zustand gibt, würde es darauf ankommen, welcher gesellschaftliche Funktionsbereich bzw. welche sozialen Systeme diesen Zustand als für die Gesellschaft gültigen Zustand definiert. Für einen finalen Zustand schließlich müßte es einen Erhaltungssatz geben, der darüber hinaus für die Gesellschaft operabel sein müßte. Ein solcher über die Hauptsätze der Thermodynamik hinausreichender Erhaltungssatz liegt nicht vor. Die Menschheit ist also weit davon entfernt, das Nachhaltigkeitsproblem richtig zu definieren oder gar in zielgerichtetes Handeln zu übertragen. Bekannt sind lediglich einige Prinzipien der Natur, wie sie u.a. in der Ökologie beschrieben werden (vgl. Odum 1983). Hier könnte die Ingenieurökologie ansetzen, Prinzipien der Natur in die Ingenieurwissenschaften und damit in die Gesellschaft zu übertragen (vgl. den Beitrag „Nach den Möglichkeiten der Gesellschaft ..." in diesem Band). Ein grundlegendes Prinzip der belebten Natur ist die Anpassung an die jeweiligen stofflichen und energetischen Standortbedingungen.

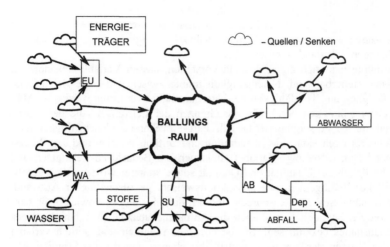

Abb. 2: Ballungsraum und Umwelt: Stoff- und Energieströme (Voigt 1997, 58; verändert)
(EU – Energieumwandlung; WA – Wasseraufbereitung; SU – Stoffumwandlung; AR - Abwasser-
reinigung; AB – Abfallbehandlung; Dep – Deponie); Quellen/Senken – Darstellung nach ‚Systems
Dynamics' (Forrester 1972)

Die Ingenieurökologie des Ortes

Die Nutzung der jeweiligen Bedingungen des Ortes (Lage, Stoff- und Energie-
dargebot) erfordert der Verschiedenheit der Bedingungen entsprechend angepaßte Technologien für Bauen, Wasser, Energie und Abfall. Zu klären ist, was
im ingenieurökologischen Sinne unter einem Ort verstanden werden könnte.
In der Ökologie der Pflanzen trägt der Ort die an seine spezifischen Bedingungen angepaßt Vegetation in den verschiedenen Sukzessionsstadien. Diese
auf passende Bedingungen bezogene Strategie findet man auch in der Tierwelt –
mit einer großen Spannweite von kleineren Arealen bis zu großräumigen
Wanderungsgebieten, die entweder kontinuierlich oder rhythmisch durchstreift
und aufgesucht werden. Die menschliche Gesellschaft als Jäger- und Sammler-
gesellschaft verfolgte diese Strategie zunächst ebenfalls. In der heutigen Zeit
wird allerdings diese Wanderung weitgehend durch Transporte der benötigten
Güter ersetzt, während die Daseinsgestaltung vorwiegend an Orte gebunden ist,
deren „passende" Bedingungen nunmehr künstlich erzeugt werden. Diese Orte
sind weltweit vor allem und zunehmend Städte. Sie sind die Verursacher der
weitaus meisten Transportprozesse, die auf der Erde heute stattfinden (Abb. 2).
Die oben genannten offenen Prozeßketten des gesellschaftlichen Wirtschaftens
speisen sich aus den verschiedensten überwiegend als Gratisleistungen der Natur
angesehenen Quellen und überlassen das Ende der Stoffströme anderen Orten
als Senken – auch dies als Gratisleistungen des Naturhaushaltes.

Städte haben aufgrund ihrer Dichte der verschiedensten gesellschaftlichen Funktionen erhebliche Vorteile für das Zusammenleben von Menschen und so werden Städte in verschiedenen städtebaulichen Kongressen der jüngsten Vergangenheit auch als die Lebensweise der Zukunft bezeichnet. Durch diese Dichte wird es ökonomisch möglich, große Einrichtungen der Kultur, des Gesundheitswesens, der Bildung aber auch große Verwaltungs-. und Industrieanlagen zu betreiben. Die Optimierung der Städte erfolgte daher bisher weitgehend nach

+ Verkehr (Fahrzeuge)	+ Freizeit/Kultur (Infrastruktur)
+ Wohnen (Gebäude)	+ Handel (Märkte)
+ Arbeiten (Standorte)	+ Ästhetik (Oberflächen).

	Input	Output	
Tonnen pro Tag		Export	Abfall
Nahrungsmittel	5985	602	
Tierfutter	335		
Nahrungsmittelabfälle			393
Süßwasser	1068000		
Meerwasser	3600000		
Abwässer			819000
feste Bestandteile der Abwässer			6301
Frachtgut	18000	8154	
Flüssige Brennstoffe	11030	612	
Feste Brennstoffe	193	140	
Glas	270	65	152
Kunststoffe	680	324	184
Zement	3572	11	
Holz	1889	140	637
Eisen und Stahl	1878	140	65
Papier	1015	97	691
Sonstiger Abfall			728
O_2	27000		
CO			155
CO_2			26500
SO_2			308
NOx			110
C_xH_x			29
Schwebstoffe			42
Bleigehalt der Luft			0,34

Tab. 1: Stoffwechselbilanz von Hongkong (Boyden u.a. (1981) nach Girardet (1996, 27))

Gleichwohl sind Städte aus sich heraus heute nicht lebensfähig.

182   Prof. Dr.-Ing. Manfred Voigt

Sie benötigen für ihren ‚Metabolismus' einen kontinuierlichen Zufluß an Stoffen und Energie. Die Orte von Produktion/Entsorgung (Wasser, Energie, Stoffe und Abfall) einerseits und die Orte der Ressourcennutzung andererseits sind jedoch entkoppelt, es lassen sich keine ökologischen Einheiten bilden, weil unterschiedliche Bilanzräume vorliegen. Tabelle 1 zeigt demzufolge eine unausgeglichene Stoffwechselbilanz, die die Wirkungen und Effekte der Ressourcennutzung außerhalb der Stadt nicht zeigt. Die aufgeführten Zahlen der Stadt Hongkong sind zwar besonders extrem und nicht mehr neu, zeigen aber doch das Prinzip, an dem sich bis heute nichts geändert hat.

Die Stadt wird hier als Konsument von Gütern und Ressourcen erkennbar, die in überwiegender Größenordnung Abprodukte, Abfälle, Reststoffe und Emissionen in die Umgebung abgibt. Diese Umgebung muß mit den Wirkungen allein zurecht kommen, während die Stadt als parasitärer Lebensraum vorwiegend die Vorteile des Konsums genießt. Der an dieser Stelle notorisch gemachte Einwand, daß auch Städte erheblich zum Umweltschutz beitragen, trifft insofern nicht, als gegenwärtig weitgehend das Emissionsprinzip herrscht, bei dem zwar der Abgabe von Schadstoffen Grenzen gesetzt werden, diese aber nicht mit den aufnehmenden Medien, Räumen und Organismen rückgekoppelt sind. Erforderlich wäre ein ständiger Emissions-Immissions-Abgleich als Grundlage für Steuerungsmaßnahmen.

Dieser Mangel erklärt, warum die großen Probleme mit Natur und Umwelt vor allem Senkenprobleme sind, deren Prozesse nicht einfach-kausal an die Ursachen gekoppelt sind. Zu nennen sind vor allem

- Böden, belastet und gefährdet sowohl durch direkte Bewirtschaftung des konventionellen Landbaus als auch durch großräumige Emissionen; in den Städten erheblich belastet oder versiegelt,
- Grundwasser, belastet in der Nachfolge der Böden mit den gleichen Problemen,
- Meere, vor allem die Randmeere als letzter Ablagerungsort für alle Stoffe, die in der Landfläche nicht zurückgehalten werden,
- Klima, Veränderungen als Folge aufsteigender Stoffe.

Diese Punkte betreffen die Entsorgung der Städte, aber auch die Versorgung – als Quellenproblem – ist an absolute Grenzen gebunden, insbesondere

- bei der Energieversorgung, vor allem bei fossilen Energieträgern,
- bei der Wasserversorgung aus dem Grundwasser, vor allem tiefliegender Grundwasserstockwerke,
- bei der stofflichen Versorgung.

Die oben genannten Optimierungen der Städte nach anthropogenen Bedarfen und Bedürfnissen ist an den Grenzen ihrer Umwelt angekommen, deren Wahrnehmung und gesellschaftliche Kommunikation derzeit noch von innergesellschaftlichen Problemen überlagert wird (vgl. den Beitrag „Nach den Möglichkeiten der Gesellschaft ..." in diesem Band). Sie ist zu ersetzen durch die Optimierung nach Gesichtspunkten

- des Klimaschutzes,
- des Ressourcenschutzes,
- der ressourcenschonenden langfristigen Energieversorgung,
- der ressourcen- und gewässerschonenden Wasserver- und –entsorgung,
- der Outputbegrenzung und des Immissionsprinzips.

Es ist daher zusammenzufassen, daß es derzeit kaum möglich ist, den Begriff der Nachhaltigkeit mit konkreten physischen und gesellschaftlichen Zuständen zu beschreiben. Wenn es aber um Umweltschutz, Klimaschutz, Ressourcenschutz und Versorgungssicherheit geht, müssen die Städte entsprechend ihrer Verursacherrolle erheblich mehr leisten als bisher. Ob daraus ein stationärer Zustand im Sinne der Nachhaltigkeit werden kann, muß offen bleiben.

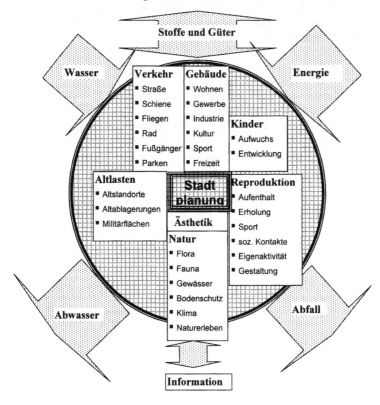

Abb. 3   Innere Struktur von Städten, die durch erheblich Zufuhr von Stoffen, Wasser und Energie und der Abfuhr von Stoffen, Abwasser und Abfall getragen wird.

Das Innere der Städte

Während Abbildung 2 die Stadt als quellengespeistes Durchflußsystem zeigt, geht es im nächsten Schritt darum, die Stadt von innen als Ort der Umsetzung der von außen beschriebenen Probleme zu betrachten. Oben wurden die bisher weitgehend geltenden Prinzipien der Optimierung städtischer Prozesse genannt. Abbildung 3 zeigt die Stadt als von außen mit Stoffen und Gütern, Energie, Wasser und Informationen gespeistes und als nach außen emittierendes System. Die inneren Prozesse beschränken sich weitgehend auf die mit den Gebäuden verbundenen Prozesse und deren Ästhetik, den Verkehr, Kinder und Reproduktion, sowie einige Aspekte der inneren Natur und der Sanierung von Folgen früherer gesellschaftlicher Tätigkeiten (Altlasten). Wenn die Städte dem dringenden Erfordernis folgen und weitgehend Ver- und Entsorgungsprozesse auf ihrem Gebiet selbst durchführen, entstehen für Stadtplanung und Stadtentwicklung bedeutende zusätzliche Aufgaben. Zu berücksichtigen sind

▶   zusätzliche Flächennutzungskonkurrenzen,

▶   neue Gestaltungsbedingungen und –restriktionen,

▶   Änderungen der flächigen Stadtstrukturen,

▶   veränderte Nachbarschaften,

▶   neue Organisationsstrukturen und Verantwortlichkeiten,

▶   neue rechtliche Strukturen

▶   neue wirtschaftliche Bedingungen und Beziehungen.

Abb. 4: Erweiterung (▶) der inneren Struktur von Städten zur Minimierung der Umgebungs- und Umweltbelastungen durch Städte

Abbildung 4 zeigt symbolisch die Überlagerung der gegenüber Abbildung 3 gleich gebliebenen Stadtfläche mit den neuen Anforderungen mit dem Ziel, die Zu- und Abflüsse zu minimieren. Es ist zu fragen, mit welcher Technologie und welcher angepaßten städtischen Struktur sich die geänderten Ansprüche an Städte ausdrücken.

Dezentrale Technologie

Die Ver- und Entsorgung sowie die Stoff- und Energienutzung einer Stadt erfolgte bisher aufgrund der zur Verfügung stehenden Technologie mittels sogenannter Großer Technischer Systeme (vgl. u.a. Weingart 1989, Braun/Joerges 1994) und war räumlich weitgehend invariant.

Dies drückt sich vor allem in großräumigen Verteil- und Sammelsystemen sowie in einer gewissen Beliebigkeit der Material- und Energiebereitstellung und – verwendung aus.

Daß dies nicht optimal im Sinne des Ressourcenschutzes und damit einer langfristigen Versorgungssicherheit ist, läßt sich besonders in der Energieversorgung zeigen (Abb. 5).

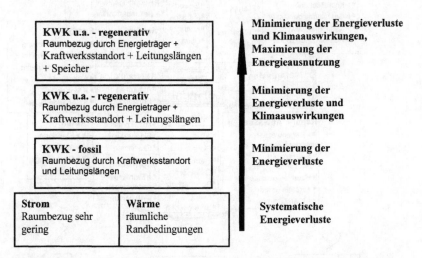

Abb. 5: Entwicklung von Raumbezügen in der Energieversorgung (KWK – Kraft-Wärme-Kopplung)

Im Rahmen einer großräumigen Hierarchie aus Hoch- und Höchstspannungs-, Mittel- und Niederspannungsnetzen ist der Ort der Stromerzeugung auf der Basis vor allem fossiler Energieträger weitgehend beliebig bzw. lediglich von elektrotechnischen und netzbetrieblichen Randbedingungen abhängig. Zwar ist die Wärmeversorgung in diesem System standortgebunden, erhält aber seine räumliche Invarianz durch die Brennstoffe und die logistischen Systeme für die Brennstoffverteilung. Die getrennte Erzeugung von Strom und Wärme bedeutet systematische Energieverluste.

Durch die Kopplung der Erzeugung beider Energiearten in der Kraftwärmekopplung entsteht ein erster realer Raumbezug durch die Wahl des Kraftwerksstandortes und dessen Einzugsgebiet für die Wärme aufgrund der Optimierung von Leitungslängen für die Wärmeversorgung. Die Energieverluste werden hier – zumindest auf der Kraftwerksseite – auf der Basis fossiler Energieträger bereits minimiert. Dabei soll das Wärmeverteilnetz – Nah- oder Fernwärme – noch außerhalb der Betrachtung bleiben.

Weiterer Ortbezug ergibt sich durch die ausschließliche Verwendung regenerativer Energieträger, deren örtliches Aufkommen auch die zu verwendende Energieumwandlungstechnologie bestimmt. Man erhält eine Minimierung nicht nur der Energieverluste, sondern auch der Klimaauswirkungen. Da Strom- und Wärmebedarf sowohl im Tages- als auch im Jahresverlauf nicht immer parallel verlaufen, würde eine stromgeführte Kraft-Wärme-Kopplungsanlage zeitweise nicht genügend Wärme liefern, eine wärmegeführte Anlage zeitweise zuviel Strom produzieren. Eine gemischt geführte Anlage würde die zwangsläufig auftretenden Verluste nach Energiearten optimieren, könnte Verlust aber nicht systematisch vermeiden. Hier kommen Speichertechnologien ins Spiel, die – insbesondere bei der Wärmeversorgung – den Ortbezug noch verstärken. Es wäre bei dieser Systemtechnik von einer weitestgehenden Minimierung der Energieverluste und der Klimaauswirkungen sowie bei der Verwendung von Speichertechnologien von einer Maximierung der Ausnutzung von Energien und Energieträgern zu sprechen.
Ähnliche Überlegungen lassen sich für die Wasserver- und –entsorgung (vgl. Gesenhoff in diesem Band) und für den stofflichen Bereich anstellen.

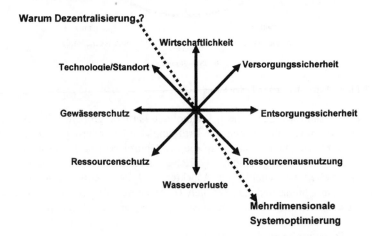

Abb. 6: Dimensionen der Optimierung zur Einführung dezentraler Technologien am Beispiel der Wasserver- und –entsorgung

Die Dezentralisierung ist ein Prozeß der mehrdimensionalen Optimierung. Bisher rauminvariante Technologien werden vor allem technisch unter Beachtung der Wirtschaftlichkeit auf den jeweiligen Standort hin optimiert.

Abbildung 6 zeigt das Prinzip einer solchen Optimierung am Beispiel der Wasserver- und –entsorgung, wobei die Länge der Pfeile entsprechend den örtlichen Kontexten unterschiedlich sein kann. Maßgeblich ist nicht die Optimierung der einzelnen Anlagen, sondern die Optimierung der gesamten Prozeßkette und des gesamten Systems. Dezentrale Anlagen sind konventionellen Anlagen in nahezu allen Dimensionen mindestens gleichwertig.

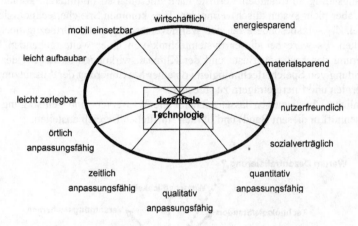

Abb. 7: Eigenschaften dezentraler Technologien

Dezentrale – räumlich bezogene – Technologie hat eine größere Nähe zu ihren Nutzern und sollte daher neben der Erfüllung der Optimierungskriterien eine Reihe weiterer Attribute besitzen, in die die Optimierungskriterien jeweils integriert sind. Abbildung 7 zeigt typische Eigenschaften dezentraler Technologien. Neben wirtschaftlichen Aspekten und dem Ressourcenschutz bekommen – im Unterschied zur zentralen Technologie – Handhabungs- und Anwendungseigenschaften sowie soziale Belange zunehmende Bedeutung.

Dezentralisierung im baulichen Bestand

Die Bedingungen für den Umbau vorhandener zentraler Technologien in Richtung Dezentralisierung ist in den Industrieländern und weltweit relativ günstig (Tabelle 2). Der Vergleich zeigt, daß einige Probleme ähnlich sind und die Kostenfrage aus unterschiedlichen Gründen für beide Gruppen gilt.

Industrieländer/Westeuropa/USA etc.	Südeuropa/Osteuropa/China/3.Welt etc.
■Kosten der Sanierung und des Ausbaus des vorhandenen Leitungssystems	■Landflucht→Verstädterung→Mega-Städte
■Schrumpfende Infrastrukturen	■Kosten des Ausbaus vorhandener und des Baus neuer Leitungssysteme
■Abkopplung des Regenwassers	■Variabilität des Wasserdargebotes
■Mehrfachverwendung von Wasser	■Mehrfachverwendung von Wasser
■Bedarf an verschiedene Wasserqualität	■Bedarf an verschiedene Wasserqualität
■Klärschlamm als Ressource	■Klärschlamm als Ressource

Tabelle 2 Bedingungen für die Planung und Realisierung dezentraler Technologien

Wesentliche Unterschiede finden sich in der demographischen Entwicklung. Während in einigen Industrieländern die Städte eher stagnieren oder sogar schrumpfen, hat die andere Gruppe erhebliche Probleme mit dem erheblichen, kaum zu kontrollierenden Wachstum. Bei der Entwicklung von sogenannten Mega-Städten wäre eine kontrollierte dezentrale Ver- und Entsorgungsinfrastruktur ein möglicher Ordnungsfaktor. Bei der Schrumpfung der Städte, besonders auch in den neuen Bundesländern, stellt sich folgende Problemlage:

1. Schrumpfung / Sanierungsbedarf als Problem: Es entstehen Nutzungslücken in der Bebauung, vorhandene Stadtstrukturen verändern sich, vorhandene Ver- und Entsorgungssysteme sind in der Folge der Schrumpfung überbemessen und werden auch aufgrund ihres Alters zu Sanierungsfällen,

2. Rückbau / Anpassung der Ver- und Entsorgungssysteme ist teuer, ressourcenintensiv und löst nicht die städtebaulichen Probleme,

3. Schrumpfung /Sanierung als Chance: Dezentralisierung der Ver- und Entsorgungssysteme als Basis für die Entwicklung angepaßter Stadtstrukturen.

Allerdings sind auch die Hürden für einen entsprechenden Umbau erheblich, denn der Neubau, mit dem vieles planmäßig und relativ einfach realisiert werden kann, macht in Deutschland nur etwa 2 % des baulichen Bestandes aus. Wenn also effektiv im Sinne von Ressourcen- und Klimaschutz gehandelt werden soll, muß der Bestand in den Mittelpunkt rücken. Dies soll am Beispiel der Energieversorgung skizziert werden. Abbildung 8 zeigt das – denkbare – Zusammenspiel der unterschiedlichen Energien und Energieträger im örtlichen Kontext mit Anschluß an überörtliche Leitungssysteme. Die örtlichen Bedingungen beginnen bei der Unterscheidung von passiver und aktiver Solarnutzung mit ihren gebäudebezogenen Merkmalen. Es folgt die Nutzung der Windenergie, der Biomasse, des Abfalles und der Erdwärme, jeweils mit spezifischen Ansprüchen an den jeweiligen Standort und zugehörige Abstände zu anderen Nutzungen.

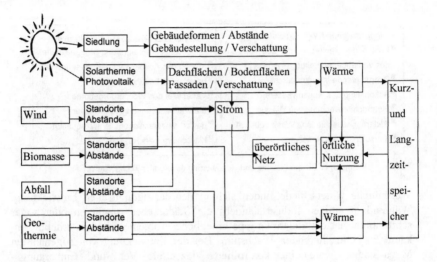

Abb. 8: Möglichkeiten der Nutzung örtlicher Energien

Die Darstellung von Abbildung 8 stellt lediglich Potentiale dar und gibt noch keine Auskunft über die konkreten Gebietsmerkmale, auf denen eine dezentrale Energieversorgung beruht. Zu diesen Gebietsmerkmalen gehören die Tages- und Jahresverläufe von Wind, Sonne, Biomasse, Geothermie auf der Dargebotsseite (s. Abb. 9 – obere leere Diagramme). Sie sind mit der Nutzerseite zu vergleichen, die weitgehend von Siedlungsstruktur und Nutzerverhalten abhängig ist. Siedlungsstruktur und Verhalten der Energienutzer erzeugen nicht nur eine spezifische Versorgungscharakteristik, sondern eröffnen auch Möglichkeiten der Synergie. Dies gilt – neben der typischen Wohnsiedlungscharakteristiken – besonders auch für Gewerbe- und Industriegebiete. Abbildung 9 verdeutlicht das Prinzip: In einem abgegrenzten Gebiet befinden sich verschiedene Kraftwerksstandorte sowie Energiespeicheranlagen. Die in diesem Gebiet befindlichen Energieanwender benötigen nicht nur Energie, sondern können auch Energie abgeben. Produktionsprozesse sind von sehr unterschiedlichen Energieanwendungen geprägt, bei denen Energie umgewandelt wird und bis zur Vorstufe der Entropie selbst genutzt oder an weitere Energieanwender weitergegeben wird; überschüssiger Strom kann darüber hinaus in das anliegende Netz eingespeist werden, Prozeßwärme kann weitergegeben werden (Abb. 9).

Dies erfordert eine qualifizierte Zusammenarbeit von Anlagenplanern und –betreibern, von Stadtplanung, Gewerbegebietsentwicklung und –management. Tabelle 3 zeigt die städtebaulichen Effekte der Eingangsgrößen aus Sonneneinstrahlung, Windenergie, Biomasseaufkommen und Erdwärmegewinnung.

Diese städtebaulichen Effekte erfordern einen langfristigen Umbau der Stadt-strukturen – nicht nur im Bezug auf einzelne Gebäude, sondern die Formation der Gebäude untereinander und deren Nutzung, also auch eine Neugestaltung der Stadtstrukturen.

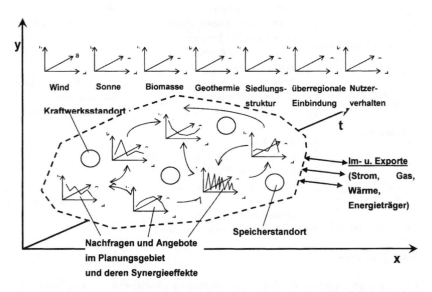

Abb. 9: Allgemeines Prinzip örtlicher Energienutzung mit Synergieeffekten (x, y – Raumkoordinaten, k – Meßgröße (z.B. °C, J, KWh), d – Tagesganglinie, a – Jahresganglinie); Erläuterungen im Text

Eingangsgröße	Städtebauliche Effekte	Anmerkungen
Sonneneinstrahlung Wind Biomasse Erdwärme	− Gebäudestellung − Gebäudeform (Minimierung der Oberflächen) − Nutzungsanpassung − Abstände (Verschattung: erhöhter Flächenbedarf bei Neubauten und Beschränkungen im Bestand) − Wärmedämmung − Gebietsabgrenzung + Nah- und Fernwärme + Kraft-Wärme-Kälte-Kopplung − Standorte + Abstände − Wärmespeicher − Gebäudefläche (Dächer und Fassaden für Solarthermie und Photovoltaik, Fassadengestaltung für passive Solarnutzung) − Leitungstrassen	passive Nutzung der Sonnenenergie städtebauliche Gestaltung Kosten Abstände zur Bebauung Biomasse: Verbindung zu Wasser und Abfall Transporte für Energieträger EM − Felder + Abstände

Tab. 3: Städtebauliche Effekte der dezentralen Energienutzung

Stadtstrukturen

Die vorangegangenen Ausführungen stellen in geraffter Form den Stand der Sicht auf die bevorstehenden Probleme dar. Die Schwierigkeiten mit dem Anspruch der Nachhaltigkeit sind in den einschläfigen Kreisen weitgehend bekannt. Die Perpetuierung des Gebrauchs dieses Begriffes findet eher im Rahmen von Politik und Verwaltung statt, während der Bürger diese Sprachform des Umweltproblems weitgehend nicht adaptiert hat. Bekannt ist das Problemfeld des Lebensraumes Stadt als von der Leistungsfähigkeit seiner Umgebung abhängiges Agglomerationsprinzip der Gesellschaft, welches weitgehend für die Vervielfältigung örtlicher und globaler Umweltprobleme verantwortlich ist. Bekannt sind schließlich auch die einzeltechnologischen Möglichkeiten, dezentral und mit – gegenüber der heutigen Praxis – geringerem Ressourcenaufwand die gleichen Funktionen der städtischen Ver- und Entsorgung zu übernehmen.

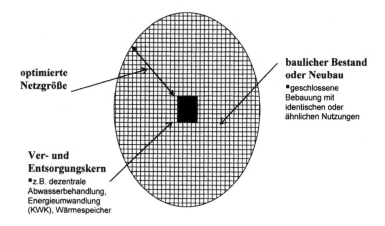

**optimierte
Netzgröße**

**baulicher Bestand
oder Neubau**
■geschlossene
Bebauung mit
identischen oder
ähnlichen Nutzungen

**Ver- und
Entsorgungskern**
■z.B. dezentrale
Abwasserbehandlung,
Energieumwandlung
(KWK), Wärmespeicher

Abb. 10: Entwicklung räumlicher Grundtypen

Gegenstände der Forschung sind beziehungsweise sollten das konkrete Zusammenwirken verschiedener Technologien in einem entsprechend optimiertem
und angepaßtem gebautem Umfeld sein. Das Prinzip der Verbindung verteilter
unterschiedlicher technischer Systeme sowie auch deren wirtschaftliche Bewertung im Rahmen einer angepaßten räumlichen Systemtechnik steht dabei auf
der einen Seite. Ebenso offen ist aber auch die Frage nach räumlich-städtischen
Strukturen, die den Anforderungen der Technologie, des Umwelt- und Ressourcenschutzes sowie des wirtschaftlichen und sozialen Umfeldes entsprechen.
Insofern stellen die nachfolgenden Ausführungen noch keine Lösungen, sondern
Forschungsfragen beziehungsweise Forschungsansätze dar.
Anzuknüpfen ist dabei an die städtebauliche Optimierung in den Ausprägungen
- Neubau von Stadtstrukturen,
- Anpassung des baulichen Bestandes,
die – wenn nicht eine völlige Abkehr von den bisherigen Optimierungs-
dimensionen – so doch eine wesentliche neue Schwerpunktsetzung bedeutet.
Dabei sollten von Anfang an alle Ver- und Entsorgungsbereiche – Wasser,
Energie, Abfall – und Stoffnutzungen zusammen berücksichtigt werden, damit
mögliche Synergien nicht systematisch unbeachtet bleiben.
　　Dezentralisierung bedeutet Standorte für Anlagen im räumlichen Zusammenhang ihrer Ver- und Entsorgungsfunktionen, die bisher voneinander getrennt waren.

Mit der genannten integrierten Betrachtungsweise für alle Ver- und Entsorgungsfunktionen könnte es zum Beispiel geboten sein, entsprechende Anlagen, die bisher nicht zu einem typischen Bild einer Stadt gehört haben in sogenannten Ver- und Entsorgungskernen zusammenzufassen und die Nutzungen dieser Anlagen um diese Kerne herum anzuordnen. Die Abgrenzung und Größe solcher Ver- und Entsorgungseinheiten richtet sich u.a. nach

- der Verfügbarkeit lokaler Ressourcen / Transportentfernungen,
- der Optimierung des Ressourcengebrauchs und der Möglichkeiten zur Stofftrennung,
- dem Einsatz von Energieumwandlungstechnologie, Abwasserbehandlungstechnologie, Abfallbehandlungstechnologie, Recyclingverfahren,
- der Wärmebedarfsdichte, dem Abwasser-, Abfallaufkommen und dem Nutzerverhalten,
- dem Wärmespeichervolumen,
- den Leitungslängen der Abwassersammler und des Wärmeverteilnetzes,
- der Organisation,
- den Kosten-Nutzen Relationen
- aber auch nach den örtlichen Bedingungen.

Zu beachtende örtliche Bedingungen reichen von geographischen und morphologischen Bedingungen über die Zusammensetzung und das Verhalten der Nutzer bis hin zu Anschlußpunkten an überörtlicher Ver- und Entsorgungsnetze (vgl. Abb. 9). Auch die angestrebte Qualität von Reststoffen wie Abfällen und Klärschlamm kann zur entsprechenden Zuordnung von Nutzungen zu Entsorgungskernen beitragen (vgl. Gesenhoff in diesem Band)(Abb. 10). Wegen der zu vermutenden Vereinfachung bei der Durchmusterung vorhandener Stadtstrukturen zu Zwecke der Abgrenzung von Ver- und Entsorgungseinheiten wäre es vorteilhaft, eine Reihe von räumlichen Grundtypen zu ermitteln, mit denen dann – ggf. auch mit Unterstützung Geographischer Informationssysteme – diese Abgrenzung vorgenommen werden könnte.

Abb. 11: Vernetzung der Ver- und Entsorgungseinheiten; Übergang zu einem Wabenmodell

Ver- und Entsorgungskerne behindern nicht die städtebauliche Entwicklungen, sondern geben ihr eine Systematik, die sich heute unter anderen Kriterien eher zufällig einstellt. Angepaßte Organisationsstrukturen sorgen darüber hinaus für soziale Ordnungsparameter, die im Rahmen der Entwicklung sogenannter Mega-Städte dringend benötigt werden, um Slumbildungen zu vermeiden. Aber auch in Städten mit stagnierenden oder schrumpfenden Bevölkerungszahlen können sich über diesen Weg neue Formen von Nachbarschaften sowie Verbindlichkeit des Zusammenlebens bilden.

Betrachtet man aktuelle Karten von Städten, so fällt eine gewisse Rhythmik in Verbindung mit Verdichtung und Freiräumen auf, die nur in hochverdichteten Bereichen von Innenstädten unterbrochen wird. Es ist daher möglich, nach den oben genannten Kriterien nicht nur eine Stadtstruktur zu entwerfen, sondern auch Ver- und Entsorgungseinheiten im baulichen Bestand abzugrenzen. Eine solche Abgrenzung bedeutet nicht die Isolierung der Ver- und Entsorgungseinheiten. Vielmehr ist es aus technischen Gründen und aus Gründen der Ver- und Entsorgungssicherheit sinnvoll, diese Einheiten untereinander zu vernetzen (Abb. 11).

Es entsteht ein Netzwerk von verteilten und selbständig wirtschaftenden Einheiten, die sich entsprechend organisieren müssen. Für die Organisation solcher Einheiten und Netzwerke gibt es schon heute unterschiedliche Modelle, angefangen von der Bewirtschaftung der Anlagen durch die kommunalen Unternehmen in Weiterentwicklung der heutigen Situation bis zu selbständigen dezentralen Betreibermodellen. Bei allen Modellen würde – erheblich mehr als bisher – die Verantwortung und Partizipation der an diese Anlagen angeschlossenen Bevölkerung eine Rolle spielen, für die entsprechende Modelle entwickelt werden müßten.

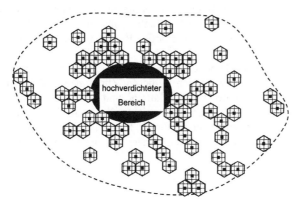

Abb. 12: Wabenmodell für die Gliederung von Ver- und Entsorgungsstrukturen im Verdichtungsraum

Der Forschungsbedarf und die Unsicherheiten bezüglich der Realisierung solcher Konzepte zielen neben den technischen, wirtschaftlichen und sozialen Fragen vor allem auf die Umsetzung des Umbaus der städtischen Strukturen. Hierfür liegen kaum Erfahrungen vor, so daß Modellversuche bei entsprechendem theoretischem Vorlauf in unterschiedlichen Stadtstrukturen auch unter Bedingungen des demographischen Wandels erforderlich sind. Unter Modellversuchen sind zunächst Simulationen für reale Stadtgebiete zu verstehen. Praktische Versuche werden derzeit in neuen (Hannover, Lübeck, Bielefeld u.a.) und alten Stadtgebieten (z.B. Freiburg) gemacht, doch zielen diese noch nicht systematisch auf ein geschlossenes integriertes Konzept, sondern eher auf Einzelaspekte der Technologie, der Wirtschaftlichkeit und der Organisation. Gleichwohl geben diese Versuche wertvolle Hinweise für den Übergang vom Modell zum Standard, um den es letztlich geht. Ausgehend von den Erkenntnissen aus Theorie und Modellversuchen bietet es sich an, die integrierten Ver- und Entsorgungseinheiten als Module eines Gesamtsystems aufzufassen, mit deren Realisierung an der Peripherie von Städten begonnen werden sollte, d.h. von weniger verdichteten zu höher verdichteten Gebieten fortzuschreiten und so den gesamten hochverdichteten Innenstadtbereich zu umschließen (Abb. 12). Offen ist darin die Frage, inwieweit die Technologie der Dezentralisierung auch in solchen Gebieten angewendet werden könnte und sollte.

Folgerungen für die Ingenieurökologie

Die Realisierung der Dezentralisierung setzt eine Integration der bisher sehr weitgehend separat agierenden Fachdisziplinen voraus: Architektur und Städtebau sowie Bauleitplanung, Ver- und Entsorgungstechnik sowie Bautechnik, Verkehrswesen, Landschaftsplanung und Ökologie, Wirtschafts- und Sozialwissenschaften werden interdisziplinär arbeiten müssen – unterstützt von den gesellschaftlichen Funktionssystemen Politik, Recht, Wirtschaft und Massenmedien.
Für die bisher sehr weitgehend einzeltechnologisch und objektorientiert arbeitende Ingenieurökologie bieten sich in diesem Zusammenhang die Möglichkeit, die Teilbegriffe 'Ingenieurwissenschaften' und 'Ökologie' zur 'Systemtechnik' sowie zur 'Systemökologie' zu erweitern, damit sowohl erhebliche Forschungsfelder als auch Arbeitsbereiche für die Praxis zu erschließen und Integrationsdisziplin für die genannte interdisziplinäre Zusammenarbeit zu werden.

Literatur

Aurada, K.D. (1981): Chemische Denudation und Ionenabfluß – Ausmaß und Steuerungsmechanismen. In: Richter/Geographische Gesellschaft der DDR.

Boyden u.a. (1981): The Ecology of a City and its People. Canberra.

Braun, I./Joerges, B (Hg.)(1994): Technik ohne Grenzen. Frankfurt/M.: Suhrkamp.

Forrester, J.W. (1972): Grundzüge einer Systemtheorie. Wiesbaden: Gabler.

Girardet (1996): Das Zeitalter der Städte. Neue Wege für die nachhaltige Stadtentwicklung. Holm: Deukalion.

Li, Y. (1972): Geochemical mass balance among lithosphere, hydrosphere and atmosphere. In: Am. J. of Sc. 272/2: 119-137.

Mackenzie, F.T./Garrels, R.M. (1966): Chemical mass balance between rivers and oceans. In: Am. J. of Sc. 264: 507-525.

Odum, E.P. (1983): Grundlagen der Ökologie. 2 Bände. Stuttgart/New York: Thieme.

Seim, R./Müller, E.P./Rösler, H.J. (1976): Zur Geochemie sedimentärer und diagenetischer Prozesse. In: Z. f. angew. Geol. 22, 11: 512-520.

Voigt, M. (1997): Die Nutzung des Wassers – Naturhaushaltliche Produktion und Versorgung der Gesellschaft. Berlin u.a.: Springer.

Weingart, P. (1989): Technik als sozialer Prozeß. Frankfurt/M.: Suhrkamp.

Zverevs, V.P. (1973): Neue Angaben über den Chemismus unterirdischer Wässer im Gebiet der Sowjetunion. In: Z. angew. Geol. 19/10: 518-524.

Prof. Dr.-Ing. Detlef Glücklich

Ökologische Gesamtkonzepte - mit der ‚Stadtschaft' als Zielstellung und ihre Umsetzung am Beispiel der Valley View University in Accra / Ghana

Zusammenfassung

Für ökologische Gesamtkonzepte wird zunächst der Begriff ‚Stadtschaft' entwickelt als Grundlage für jede bebaute Landschaft. Stadtschaft hat als Zielstellung eine ähnliche, wenn auch verminderte Funktion in der Biosphäre wie die bioaktive Landschaft. Am Beispiel des Ausbaus der Valley View University in Accra/ Ghana für 5000 Personen wird der Aufbau einer Kreislaufwirtschaft zur Aktivierung der Landschaft und der örtlichen Nutz- und Aufenthaltsqualität gleichermaßen aufgezeigt. Dabei werden in einem baulichen Gesamtkonzept insbesondere die Wasser- und Stoffkreisläufe beschrieben.

Stadtschaft - Stadt als Landschaft

Ökologisches Bauen im Stadtkontext

Ökologisches Bauen hat immer das Ziel, Baumaßnahmen zur Befriedigung der menschlichen Bedürfnisse in das <u>dynamische</u> Gleichgewicht der natürlichen Umgebung einzugliedern. Auf der städtebaulichen Ebene unterscheiden sich jedoch die Gesetzmäßigkeiten im Vergleich zur Gebäudeebene und zur offenen Landschaft. Während das Gebäude eher als eine in sich geschlossene Einheit betrachtet werden kann, die mit der Umgebung in Beziehung steht und mit der Umwelt in Einklang gebracht werden kann, werden bei der offenen Landschaft in Anlehnung an die Natur (was das auch immer sein möge) Wege zur Nachhaltigkeit gesucht. In beiden Fällen wird oft mit Kennwerten und Querschnittssummen gearbeitet, wie zum Beispiel mit der Menge der CO_2-Äquivalente im Lebenszyklus von Gebäuden, der Zählung von geschädigten Bäumen im Wald, der Zählung von Leitpflanzen o. ä.. Dies führt dann z. B. zu dem Schluss, dass jede Tonne verhinderter CO_2-Emission ein wichtiger Erfolg im Umweltschutz ist und ein Wald, wenn viele kranke und abgestorbenen Bäume gefällt sind, besonders gesund sei. In den Städten werden oftmals einzelne Bäume mit hohem Aufwand gerettet. Ähnliche Vorgehensweisen sind bei der Trinkwassereinsparung, der Regenwassernutzung und dem Grauwasserrecycling, den Gründächern, der Verwendung von Holz als Baustoff usw. zu beobachten. So sinnvoll die Einzelmaßnahme oder auch eine dicker Blumenstrauß solcher Aktivitäten sein mögen, das Ergebnis ist oft nicht befriedigend, läuft ins Leere oder ist gar kontraproduktiv. Erst in einem langen Lernprozess wurde dies deutlich. Gerade im Städtebau werden die Zusammenhänge kompliziert, weshalb die Ansätze sehr vielfältig aber wenig kongruent sind. Wie können wir übergreifende Lösungen, einen gemeinsamen Ansatz und eine Hauptzielrichtung finden?

Auf der Suche danach sind die naturwissenschaftlich begründeten Arbeiten von Ripl[1] für uns sehr hilfreich gewesen, deren praktische Konsequenzen allerdings schwer abzusehen sind. Hier sollen sie für die Grundidee des ökologischen Bauens genutzt werden.

Die Idee baut auf den Grundfunktionen der Natur auf. Das sehr komplexe System Natur entwickelt sich in vielfältiger Weise auf hierarchischen Ebenen arbeitenden Regelkreisen. Diese arbeiten nicht statisch und linear, sondern vernetzt und dynamisch. Soweit keine besonders neue Erkenntnis. Wichtig ist das Geständnis, dass die Zusammenhänge so komplex sind, dass die langfristige Entwicklung wegen dieses komplexen dynamischen Prozesses schwer voraussehbar oder gar simulierbar ist, was zu der schlichten Einsicht führt, dass wir mit unseren Aktivitäten eigentlich im Nebel herumstochern. Allerdings kann man offensichtlich die Vorgänge und ihre Effizienz insgesamt beobachten, bewerten und sogar beeinflussen.

Wenn wir auch das Gesamtsystem und seine dynamische Entwicklung schwer verstehen oder gar nachbilden können, so kennen wir doch ihre grundlegenden Elemente: Energie, Wasser und Materie. Ausgangselement des Lebens ist Materie. Aus ihr baut sich Leben auf – angetrieben von der (Sonnen-)Energie und mit Hilfe des Wassers als Funktions- und Transportmittel. Damit haben wir die drei Grundelemente jeglicher Bioaktivität, die umso größer ist, je besser die beteiligten Elemente zusammenwirken. Fehlendes Wasser bremst Aktivitäten (Trockenböden), fehlender verfügbarer Boden als Feinkrume den Aufbau von lebender Masse (Erosionsgebiete). In beiden Fällen wird die von der Sonne eingestrahlte Energie schlecht genutzt und in die Atmosphäre reflektiert, was zur Erwärmung der Atmosphäre beiträgt. Mit den drei Elementen entwickelt sich ein **produktives Biosystem** in einem dynamischer Prozess:
-   ein sich selbst auf hierarchischen Ebenen regulierendes System,
-   das Energie und Material optimal nutzt und
-   Material und Wasser weitgehend vor Ort lässt.

In aquatischen Systemen wie Sümpfen und Flussdeltas mit langsam fließendem Wasser und der Verwertung der Nährstoffe vor Ort entwickelt sich Bioaktivität besonders günstig. Sie haben zudem eine kühlende und ausgleichende Funktion für das Mikroklima, das regionale Klima sowie das globale Klima.

Das dynamische Biosystem kann wegen seiner Komplexität nicht künstlich in einer bestimmten Zusammensetzung sinnvoll geschaffen werden, allenfalls lässt es sich menschlich positiv beeinflussen – oftmals mit ungewissem Ausgang.

Störende **Eingriffe** können zur Folge haben:
-   einen schnellen Wasserabfluss,
-   beschleunigten Materialtransport (z. B. mit dem Faktor 50) mit der Folge von Versteppung,
-   Störung durch Energie- und Nährstoffzufuhr von außen,

- geringe Solarenergienutzung durch reduzierte Bioaktivitäten mit der Folge von Atmosphärenerwärmung wegen der fehlenden Kühlungsfunktion von Feucht- und Waldgebieten.

Eine gut funktionierende Landschaft muss diesen Gesetzen der Bioaktivität folgen können. Dies ist eine Kernaussage zum ökologischen Bauen. Übertragen auf die Stadt bedeutet dies, dass wir auch dort die Voraussetzung für die sich selbst regulierenden bioaktiven Systemen schaffen müssen: aktive Bodenzonen erhalten, für die Rückhaltung und den langsamen Abfluss von Wasser in der bewachsenen Zone sorgen und störende Einflüsse wie Gifte vermeiden, das sind wichtige Vorgaben. Nicht CO_2-Rechnungen, Wassersparmaßnahmen, besonders ausgefeilte Klärtechniken sind entscheidend, sondern die Funktion des bioaktiven Systems, dessen Bestandteil wir als Nutzer von Wasser, Luft und Produkten und als Nutzstoffproduzenten sind.

Wir bauen in die Umwelt hinein und versuchen ihre Funktion zu erhalten. Man kann sich die bebaute Welt also als Steg- und Pontonsystem vorstellen, das wir durch eine bioaktive Landschaft legen, ohne ihre Funktion und dynamische Entwicklung nachhaltig zu schädigen. In den Städten wird heute die Umwelt meist funktional zerstört und anschließend mit visuellen Reparaturversuchen z. B. durch Grün-„Flächen" in Ordnung gebracht. Hier muss schon vom Ansatz gänzlich umgesteuert werden. Statt scheinbar sinnvolle Maßnahmen festzuschreiben wie autofreie Stadt, Solarcity o. ä. sind die natürlichen Zusammenhänge immer wieder und vor allem lokal zu hinterfragen.

Statt simpler Rezepte ist der Weg zur ökologischen Stadt und das Handwerkszeug hierzu zu erlernen. Wie könnte die ökologisch ausgerichtete Stadt funktionieren? Einen ersten Anhalt bietet der Berichtsband „Old New Ecology?– Ökologisches Bauen – Bilanz und Perspektiven"[2].

Der Begriff der 'Stadtschaft'

Der Begriff der funktionierenden Landschaft soll sinngemäß aber nicht vom Umfang und der Intensität her auf die Stadt übertragen werden. Stadt soll in ihrem Sinne funktionieren können. Wir bebauen nicht die Landschaft, sondern bauen die Stadt in eine reduzierte Landschaft hinein, ohne ihre bioaktive Funktion zu zerstören. Sie soll Stadtschaft genannt werden.

Stadtschaft	ist Landschaft und Stadt gleichzeitig
Stadtschaft	ist also Stadt als Kreuzungspunkt von Menschen, Gütern, Ideen, Kulturen und Landschaft und stabiles Ökosystem zugleich.
Stadtschaft	soll eine nachhaltige Sicherung des Ökosystems und Stadtentwicklung zugleich ermöglichen
Stadtschaft	ist keine feste bekannte Struktur sondern ein laufender Prozess, der einigen besonderen Merkmalen genügt

In welchem Umfang lässt sich die oben beschriebene bioaktive Landschaft auf die Stadt übertragen? Hierzu gibt es bisher keine exakten Angaben. Es gibt verschiedene Schätzungen – meist ohne wissenschaftliche Begründung – über die Mindestflächen mit bioaktiven Eigenschaften in der Stadt. Dabei werden Zahlen von 15 bis 20 % genannt, wobei etwa die Hälfte "wild" sein kann und die andere mit der herkömmlichen Qualität von Grünflächen - Flächen, die in fast jeder Stadt ohne große Schwierigkeiten vorhanden sind oder bereitgestellt werden können. In diesen Gebieten, die im Biotopverbund stehen sollten, müssen die o. g. Maßnahmen zur Bioaktivität greifen können. Wasser wird möglichst oberflächig zurückgehalten und die Nährstoffe werden weitgehend vor Ort in einem bioaktiven Umfeld verwendet. Über Umfang und Ausbildung wird man viel diskutieren. In den meisten Fällen wird man umbauen müssen.

Die Argumentationsweise wird vielen zu schwammig und in sich zu wenig abgesichert sein. Das „Ripl-Modell" ist wissenschaftlich durch praktische Untersuchungen abgesichert, nach unserer Erfahrung einleuchtend und zudem besonders vorteilhaft, denn selbst wenn es als weniger relevant angesehen würde, so sind die aus ihm fließenden Maßnahmen schon für sich besonders nützlich: Grünzonen in der Stadt haben vielfältige Funktionen (verbessertes Mikroklima, Schadstoffbindung, Regenwasserretention, Grundwasseranreicherung, hohe Aufenthaltsqualität u. v. m.). Was kann es Schaden, wenn sie zielgerichtet aktiviert werden? So werden z.B. Parks, Grünstreifen, Beete ja selbst Baumscheiben nicht mehr wie meist bisher vom Regenwasser abgeschirmt, sondern als Zuflussflächen für Regenwasser ausgebildet. Durch einen Verbund von Grünflächen wird das elastische „Atmen" mit den Veränderungen des Wetters so aktiviert, dass einerseits die Bioaktivität erhöht wird und andererseits durch geschickte Ausbildung Wasserschäden verhindert werden. Zudem kann der bisherige Aufwand für Tief- und Straßenbauarbeiten vermindert werden. Die praktische Umsetzung bringt viele Vorteile – auch dann, wenn die Argumentationsweise sich nicht in jedem Punkt verifizieren sollte. In der Konzeption und Detailausbildung wird dies ein langer Weg sein, da viele heutige Lösungen zu aufwändig sind. Alte und neue Ausführungen lassen sich nicht einfach addieren. Ein wirklicher Wandel ist herbeizuführen. Es gibt schon heute viele gute Einzelbeispiele.

Der Begriff der Stadtschaft lässt sich auch auf andere Gebiete übertragen, wenn damit eine nachhaltige, d. h. in sich stabile aber ständig veränderbare und sich den Erfordernissen angleichende Entwicklung bezeichnet wird. Eine wissenschaftliche Begründung wird sich hier jedoch schwer führen lassen. Stadtschaft

- genügt sich materiell und in den Dienstleistungen zum großen Teil selbst und hat möglichst "Exportüberschuss",
- bietet den Nutzern eine preiswerte nachhaltige Infrastruktur mit einer entsprechend funktionierenden Verwaltung,

- befriedigt die Grundbedürfnisse weitgehend lokal und kann deshalb auf kurzen Wegen Leistungen und Gegenleistung regeln und damit Wohnen und Arbeiten vor Ort ermöglichen,
- kann sich regional und global nachhaltig vernetzen z. B. durch Spezialisierung auf bestimmten Gebieten, die ressourcenarm funktionieren (Austausch von Blaupausen und Rezepten, Bildung und Ausbildung, Kultur, Spezialservices),
- hat breiten ideellen und geringen materiellen Austausch, ist kompatibel mit den virtuellen Städten,
- kann gesellschaftliche Strukturen sich entwickeln lassen unter der Beteiligung der Bürger,
- hat multifunktionale Zellenstruktur (s. u.).

Nachhaltige Stadt und Agenda 21

In der Agenda 21 wird der Dreiklang aus Umwelterfordernissen, sozialen Erfordernissen und dem ökonomischen Wohlergehen bei gleichzeitiger Partizipation der Betroffenen herausgestellt. „Natürlich" ist dieser Dreiklang nicht. Wenn auch unter widrigen sozialen und ökonomischen Verhältnissen kaum nachhaltiger Umweltschutz gedeihen kann, so sind sie doch nicht gleichgewichtige Säulen und unabdingbare Voraussetzung. Nachhaltige Umweltentwicklung muss den sozialen und ökonomischen Belangen als Dach übergeordnet werden.

Das Zellenmodell

Stadtschaft lässt sich nicht planen und schwer erfassen. Die Entwicklung ist dynamisch und deshalb schwer voraussehbar. Aber an bestimmten Kriterien lassen sich Eigenschaften kontrollieren, Ideen auf ihre Sinnhaftigkeit hin überprüfen und mögliche Entwicklungen diskutieren. Hierzu müssen überschaubare kleine Einheiten geschaffen werden, die mit anderen ähnlichen Einheiten gekoppelt werden können und zusammen in ähnlicher Weise größere Funktionseinheiten bilden können. Es lassen sich dadurch Einheiten unterschiedlicher Zusammensetzung aufbauen und gliedern. Als Vorbild werden Funktionseinheiten der Natur gesehen, nämlich die Zellen (Abb. 1).

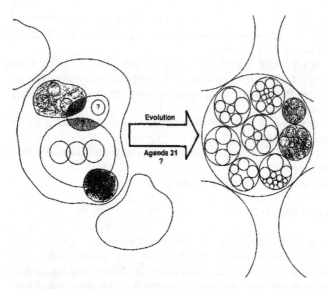

Abb. 1: Zellenmodell: Zellenstruktur für Gesamtkonzepte

Zellen sind dabei Funktions- und Aktionsräume, innerhalb derer wir Funktionen und Qualitäten in der Stadtschaft untersuchen. Sie sind nicht die Kopie einer natürlichen Zelle.

Auswahl und Größe von Zellen und ihre Kombination zu Zellenverbänden ist nicht exakt fixiert. Es sind eher Modelle mit denen sonst schwer voraussehbaren Zusammenhänge und Entwicklungen der Stadtschaft untersucht werden können. Art und Größe sind nach Nützlichkeit, Aufgabenstellung und Sinnhaftigkeit auszuwählen immer in dem Bewusstsein, dass sie nur eine Diskussionsgrundlage und ein Mittel zur Handhabung für einen sonst kaum strukturierbaren Prozess in der Analyse und in der Synthese sind. Sie stehen stets zur Diskussion.

Die Zellen sind nicht autarke Einheiten. Neben der teilautarken Regulierung von Prozessen innerhalb der Zelle sind sie mit ihrer Umgebung verknüpft und auf sie angewiesen. Zellen sind in Teilbereichen abgeschlossen, in anderen wieder offen – wie dies auch z. B. Gebäude und Stadtquartiere sind. Über sinnvolle Funktionen innerhalb der Zelle und über die Zelle hinausgehende Funktionen muss von Fall zu Fall diskutiert werden.

Das Zellenmodell ist der Versuch – in Anlehnung an den Aufbau der Natur – dynamisch funktionierende Einheiten zu definieren, mit denen sich bestimmte Prozesse untersuchen lassen. Durch den Zusammenschluss solcher „Denkzellen" lassen sich Prozesse in größerem Zusammenhang diskutieren. Sie können auch Modell für eine mögliche Stadtstruktur sein.

Zellenmodell auf technisch-naturwissenschaftlicher Basis

Auf den technisch-naturwissenschaftlichen Feldern kann die Zelle untersucht werden z. B. für die Teilgebiete Energie, Wasser/Abwasser und Materialien/Abfall/Schadstoffe. So kann im Energiebereich untersucht werden, welche Energieeinsparungen (z. B. auf Basis des Niedrigstenergiestandards für Gebäude) mit welchem Versorgungssystemen erreicht werden können, wie hoch der Anteil der regenerativen Energien ist und wie eine sinnvolle Einbindung der Zelle in die Umgebung (Nachbarzellen, Zellstruktur) erfolgen kann. Das Ergebnis ist im gewünschten Gesamtenergieszenario zu diskutieren.

Im Teilgebiet Wasser kann die Umsetzung eines sinnvollen Wasserkreislaufes vom Regenwasser über das Trinkwasser bis zum Abwasser erfolgen – wiederum auch im Zusammenhang mit der Umgebung und in Verbindungen mit Zielsetzungen wie die Erhaltung des natürlichen Wasserkreislaufes. Inhalte sind Wassereinsparung, Wasserretention in Verbindung mit dem Bewuchs, Nutzung der Wasserinhaltsstoffe und Schadstoffe im Wasserkreislauf.

Für das Teilgebiet der Materialien und ihres Transportes sowie der Abfälle lassen sich ebenfalls Untersuchungen im Sinne der Vermeidung, Verminderung und Verwendung durchführen, die hier nicht näher ausgeführt werden.

Auch Untersuchungen zum Flächenverbrauch, zur Mobilität, zur Lärmbelastung und zur physischen Aufenthaltsqualität lassen sich diesem Bereich zuordnen.

Zellenmodell auf ökonomischer Basis

Auf diesem Teilgebiet kann überprüft werden, ob die Chance zu einer nachhaltigen ökonomischen Nutzung besteht. Monostrukturen z. B., die den umfangreichen Import von Gütern und Dienstleistungen erfordern, insbesondere von begrenzten Ressourcen, Materialien in Verbindung mit harten Schadstoffen und Leistungen in Verbindung mit langen Transportwegen sichern keine stabile Ökonomie. Es kann untersucht werden, inwieweit Nachfragen örtlich günstig befriedigt werden können, u.ä. Zur Zeit gibt es hierzu noch wenig konkrete wissenschaftlich fundierte Vorlagen. Die wirtschaftlich autarke Zelle ist allerdings nicht anzustreben, da wir in einer komplexen Welt auf „Importe" angewiesen sind, denen qualifizierte „Exporte" gegenüber stehen müssen. Ein hoher qualifizierter Dienstleistungsanteil ist von Vorteil, ebenso eine gute Vernetzung der Aktivitäten mit gleichzeitig guter Verkehrsanbindung.

Prof. Dr.-Ing. Detlef Glücklich

Ökonomische Nachhaltigkeit muss auf Qualitäten wie geringe Nutzung umweltproblematischer Ressourcen, weise Ressourcennutzung (Wissen, Bildung, Innovation, Kultur), stabile wandelfähige Strukturen, Offenheit für den Wettbewerb und Ideen, offen für Ideenbringer, demokratische Strukturen, keine alleinige Rückbesinnung aber Tradition in der Qualität (Ort, Bausubstanz, Kultur und Geschichte), effektive Verwaltung, ausreichend Kapital, ausreichende Sparrate, ständige Qualitätssteigerung, günstige Bevölkerungsstruktur (nicht zu jung (Ausbildungslast) und zu alt (Soziallast)) basieren.

Zellenmodell auf sozialer und kultureller Basis

Wie auch im ökonomischen Teilgebiet kennen wir heute die Zusammenhänge erst bruchstückhaft und schlagwortartig. Dennoch lassen sich in der Abhängigkeit von der Zellengröße und auch von der Art des Zellenverbandes bestimmte Qualitäten diskutieren wie: Art, Qualität und Umfang der Versorgung mit Kindergärten, Schulen, kulturellen Einrichtungen usw.

Wie kann in das System der Zelle in eine Stadtstruktur eingegliedert werden?

Wir stehen erst am Anfang einer Entwicklung, die bisher noch wenig ausgebildet und differenziert ist. Sie wird nie zu einem Automatismus mit eindeutigem Ergebnis führen, da das zu behandelnde System dynamisch und vernetzt und damit sehr kompliziert ist und sich ständig verändert. Vor der praktischen Erprobung sollte zunächst angestrebt werden, die Zusammenhänge zu erfassen, zu diskutieren, systematisch aufeinander abstimmen und hierzu ein gewisses Handwerkszeug zu erlernen.

Das ökologische Gesamtkonzept für den Ausbau der Valley View University (VVU) in Accra/Ghana

Die Idee und die Universität

Das ökologische Gesamtkonzept für den Ausbau der Valley View University in Accra / Ghana kann als Beispiel für den Versuch gelten, trotz einer z. T. dichten städtischen Nutzung eine „Stadtschaft" umzusetzen. Das bedeutet, es wird versucht, innerhalb eines bestimmten Raumes (Universitätsgelände mit über 120 Hektar Fläche) und unter bestimmten Randbedingungen (Universität mit Servicetätigkeit) stabile dynamische Landschaftsfunktionen zu bilden und gleichzeitig die Aktivitäten der Nutzer zu integrieren und ökonomisch zu stabilisieren.

Die VVU ist eine christliche orientierte Privatuniversität mit staatlicher Anerkennung mit z. Z. etwa 700 Studenten, die wegen der großen Nachfrage bis 2010 kontinuierlich auf 2500 Studierende ausgebaut wird. Zu den bisherigen Studiengängen Betriebswirtschaft, Computeranwendung und Theologie werden weitere wie Landwirtschaft und Development kommen. Etwa zwei Drittel der Studierenden und die überwiegende Zahl der Familien der Lehrenden leben auf dem Universitätsgelände. Ein Teil der wirtschaftlichen Leistungen (Bauarbeiten, Holzarbeiten, Mensa, Textilien, landwirtschaftliche Produkte, Transport) werden auf dem Gelände erbracht. Dieses bestehende Netzwerk wird mit einer Schule, Lehrwerkstätten, einem Krankenhaus und einem kleinen Gewerbepark mit Kleinproduktion und Service ausgeweitet werden, das Leistungen innerhalb und außerhalb der Universität anbietet. Deshalb werden in naher Zukunft ca. 5000 Menschen auf dem Gelände Arbeiten und Wohnen und einen großen Teil ihrer Freizeit verbringen.

Das Konzept

Die Universität sah zunächst einen herkömmlichen Ausbau entlang eines als Schotterstraße bereits ausgebauten Ovals von etwa 600 Meter Länge vor, das eine weitläufige Verkehrserschließung und entsprechende Infrastruktur nach sich gezogen hätte (Abb. 3.1).

Durch den Vorsitzenden der IÖV, Herrn Dipl.-Ing. G. Geller, wurde die Idee eines Gesamtökologischen Konzepts angestoßen, innerhalb dessen entsprechend den Intentionen des Forschungsprogramms ECOSAN Wasser- und Stoffkreisläufe nach ökologischen Prinzipien aufgebaut werden sollten. Hierzu wurde dann nach mehreren Vor-Ort-Terminen ein ökologisches Gesamtkonzept entwickelt und mit der Masterplangroup abgestimmt. In Studentenarbeiten wurden unterschiedliche Ausformungen untersucht [3,4].

Der Grundidee ist relativ banal, denn schon im Grundstudium lernen die Studenten dies: Entsprechend der Idee der Stadtschaft wird das z. T der Erosion ausgesetzte Gelände biologisch aktiviert, in dem Wasser- und Nährstoffe vor Ort genutzt werden. Gleichzeit werden nach dem Prinzip des Vermeidens, Verminderns und Verwertens und dem gleichzeitigen Vernetzen von Abläufen praktisch alle Aktivitäten unter ökologischen und ökonomischen Gesichtspunkten auf dem Gelände ausgerichtet .

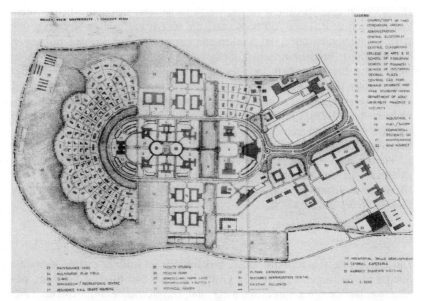

Abb. 2: Erster Konzeptplan für den Campus der Valley View University

Eine besonders wichtige Entscheidung war das Verkehrskonzept. Durch Konzentration und günstige Anordnung der Gebäude konnten die Wege so weit verkürzt werden, dass der Campus mit den angrenzenden Wohngebäuden weitgehend bis auf Service-Fahrzeuge weitgehend frei vom motorisierten Verkehr bleibt (Abb. 3, 4). Alle Autos einschließlich des Busses bleiben am Eingang. Die Folge: Fläche und Kosten für die Infrastruktur und schließlich mit dem halböffentlichen Campus der kurzen Wege auch Zeit werden eingespart. Der Campus ist Treff- und Kreuzungspunkt universitärer Aktivitäten mit Zugang sowohl von der Zufahrtsstraße als auch von den Wohngebieten. Die Zonen Gewerbe und Service, Krankenhaus und Sportfeld sind dem Campus zur öffentlichen Landesstraße hin vorgelagert.

Mit der Reduktion der Fläche für den motorisierten Verkehr bleibt trotz der Konzentration der Gebäude viel Raum für Grünflächen, die die Aufenthaltsqualität und das Mikroklima ganz wesentlich verbessern.

Jetzt können zu Fuß leicht erreichbare Grünzonen, ein Grüngürtel, ein (bestehender) Mangohain, ein botanischer Garten und ein landwirtschaftliches Anbau und Lehrgebiet geschaffen werden und gestaltet werden:

Unterschiedliche einheimische und fremde Pflanzen, ein Garten der Düfte, Bäume als Schattenspender und Mulden und Gräben – alle funktionierend als Kleinzelle im Zellenverbund der Aktivitäten. Die Gebäude sind vorwiegend schmal und lang und nutzen den von dem Bewuchs gekühlten Wind günstig zur natürlichen Kühlung.

Sie bilden gruppenweise wiederum Zellen mit kühlen bewachsenen Innenhöfen, die genutzt werden können (Abb. 5). Stadtschaft entsteht, die Regenwasser nutzen und zurückhalten kann, die Nahrung für Körper und Seele spendet und gleichzeitig Nährstoffe aufnehmen und liefern kann.

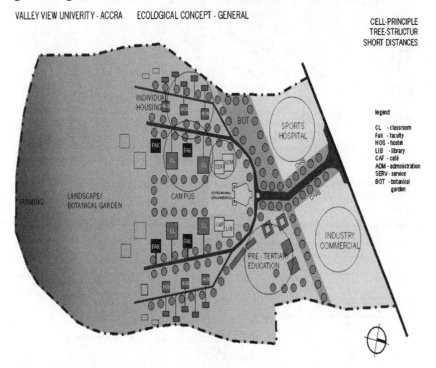

Abb. 3: Grobentwurf der BUW für den Campus der Valley View University

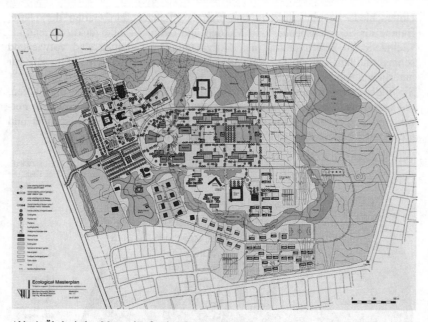

Abb. 4: Ökologischer Masterplan für den Campus der Valley View University, Stand August 2003, erstellt BUW

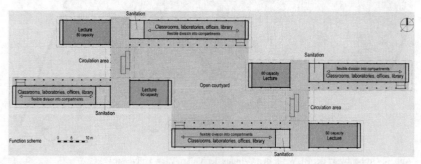

Abb. 5: Funktionsschema des neuen Fakultätsgebäudes, Stand August 2003, erstellt BUW

Das Wasserproblem der VVU war bisher durch eine oft nicht funktionierende Leitung, aus der Zisternen gespeist werden, und hohe Wassertransportkosten mit dem Tankwagen gekennzeichnet. Das Klima ist von Regen- und Trockenzeiten gekennzeichnet. Für die Bewässerung steht kein Wasser zur Verfügung. Abwasser wird nach einer Vorreinigung in Ausfaulgruben versickert. Regenwasser bleibt ungenutzt.

Das Wasserkonzept verbunden mit dem Nähstoffkonzept sieht die konsequente Einsparung von Trink- und Brauchwasser vor durch Installationen (Wasser sparende WCs und Ventile, wasserlose Urinale). Darüber hinaus wird Regenwasser in Zisternen gesammelt und als Brauchwasser verwendet. Trinkwasser wird wie bisher aus Flaschen bezogen oder durch die Reinigung mit Haushaltsaktivkohlefiltern bereitgestellt. Das Abwasser wird mit dem Grauwasser gesammelt und sowohl zu Düngezwecken als auch zur landwirtschaftlichen Bewässerung eingesetzt. Der Campus soll weitgehend ohne künstliche Bewässerung auskommen. Z. Z. werden verschiedene Komponenten und ihre Kombination erprobt (Urinseparationstoiletten, Wasserspartoiletten, wasserlose Urinale, Urinsammelbehälter, Feststoffretention des Abwassers und Ausfaulgruben), um sowohl von der Handhabung als auch von der landwirtschaftlichen Verwertung zu brauchbaren und robusten Systemen unter den besonderen örtlichen Bedingungen zu kommen. Zudem interessieren die anfallenden Stoffe der Menge und Qualität nach, damit der Kreislauf quantitativ geschlossen, d. h. dimensioniert werden kann. Auch eine kommerzielle Verwertung ist eine Option. Komposttoiletten werden nicht eingesetzt, da sie den Nährstoffkreislauf nicht optimal schließen. Die einzelnen Abwasserwertstoffe werden vor der landwirtschaftlichen Verwertung behandelt, um sie für unterschiedliche Zwecke entsprechend den hygienischen Anforderungen und dem Bedarf eingesetzt werden können. Hierzu wird gerade ein Versuchsprogramm erstellt und demnächst mit den praktischen Versuchen begonnen.

Für die Abfälle wird ein Abfallkonzept erarbeitet, das neben der üblichen Müllsammel- und Müllverwertungsmethoden die Verwertung organischer Abfälle vor allem aus dem Mensaküchenbereich und vom Grünschnitt des Campus organisiert. Die Küchenabfälle werden soweit wie möglich als Viehfutter verwertet. In besonderen Untersuchungen soll geklärt werden, ob der Rest zusammen mit den Fäkalien und dem Grünschnitt in einer Biogasanlage das Kochgas für die Mensaküche liefern kann.

Auch für die Gebäude werden von der Belüftung, Belichtung, von den Materialien her und dem Umfeld her ökologische Konzepte entwickelt, auf die in diesem Zusammenhang nicht besonders eingegangen wird.

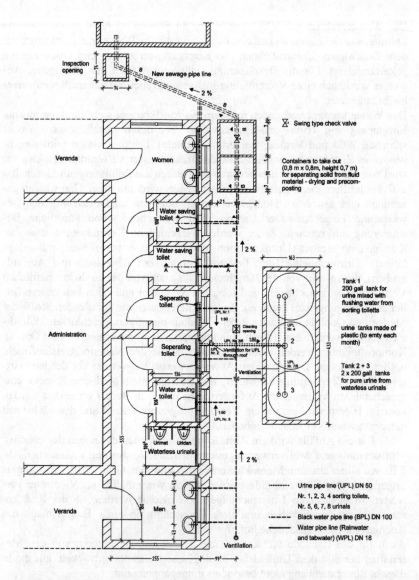

Inspection opening

New sewage pipe line

2 %

⊠ Swing type check valve

Veranda

Women

Containers to take out
(0,8 m x 0,8m, height 0,7 m)
for separating solid from fluid
material - drying and precomposting

Water saving toilet

Water saving toilet

2 %

Seperating toilet

Administration

Seperating toilet

Water saving toilet

Veranda

Men

Urimat Uridan
Waterless urinals

Ventilation

Tank 1
200 gall tank for
urine mixed with
flushing water from
sorting toiletts

urine tanks made of
plastic (to emty each
month)

Tank 2 + 3
2 x 200 gall tanks
for pure urine from
waterless urinals

--------- Urine pipe line (UPL) DN 50
            Nr. 1, 2, 3, 4 sorting toilets,
            Nr. 5, 6, 7, 8 urinals
--------- Black water pipe line (BPL) DN 100
_____ Water pipe line (Rainwater
            and tabwater) (WPL) DN 18

Abb. 6: Grundriss Lehr- und Verwaltungsgebäude, Ökologische Sanitärtechnik, Stand August 2003, erstellt BUW

Die Umsetzung

An einem bestehenden Lehr- und Verwaltungsgebäude (Abb. 6, 7) werden z. Z. Voruntersuchungen durchgeführt. Deren Ergebnisse fließen dann in die Planung von einem Fakultätsgebäude und einem Gästehaus mit Pavillons ein, mit deren Bau in Kürze begonnen wird. Parallel hierzu werden die Methoden landwirtschaftlicher Nutzung untersucht und entwickelt und die Felderprobung aufgebaut.

Abb. 7: Bestehendes Lehr- und Verwaltungsgebäude

Einbau und Nutzung der technischen Anlagen werden begleitet durch die Schulung von Personal und Aufklärung der Nutzer. Parallel dazu werden Bau- und Servicewerkstätten aufgebaut, die dann auch außerhalb der Universität Arbeiten durchführen werden. Hierzu soll langfristig ein Begleitprogramm über Public Private Partnership entstehen, so dass das „Gesamtzellensystem" Universität mit der Umgebung durch Input und Export verbunden sein wird.

Die Universität kann auf der Basis des Gesamtkonzeptes Schritt um Schritt ausgebaut werden. Vernetzt wird Personal in Theorie und Praxis ausgebildet. Nutzen hiervon sollen die neu zu gründenden Studiengänge Landwirtschaft, Development und Ingenieurökologie haben.

Insgesamt bietet der Ausbau der VVU nach einem ökologischen Gesamtkonzept eine wohl einmalige Chance der nachhaltigen Entwicklung weitgehend aus eigener Kraft in dem „jungen" Land mit einem hohen Entwicklungsbedarf. Bewusst wird dabei nicht auf sog. Techniken der Dritten Welt auf sehr niedrigem Standard zurückgegriffen, der gerade für das Nötigste sorgt. Vielmehr soll eine auch in anderen Ländern konkurrenzfähige robuste Entwicklung in Gang gesetzt werden, wie sie auch – wenn auch mit einem differenzierteren Anspruchsniveau – in allen Ländern der Erde sinnvoll ist.

Beteiligte

Ingenieurökologische Vereinigung
-   Dipl.-Ing. Gunter Geller, Augsburg
Bauhaus-Universität Weimar
-   Professur Grundlagen des Ökologischen Bauens
-   Prof. Dr.-Ing. Detlef Glücklich
-   Dipl.-Ing. Nicola Jokisch
Technische Universität Hohenheim
-   Prof. Dr.-Ing. Joachim Sauerborn
-   Dr.-Ing. Jörn Germer

---

[1] Ripl, Wilhelm; D. Mitchell; J. Pokorny: Towards sustainable management of the landscape in: Waste Recycling and Resource Management on the Developing World, Ecological Engineering Approach, B.B.Jana, R.D. Banerjee, B. Guterstam, J. Heeb, University of Kalyani/Indien, Kalyani, India and International Ecological Society, Wolfsusen, Switzerland, 2000
[2] Glücklich, Detlef (Hrsg.): New Old Ecology?, Ökologisches Bauen – Bilanz und Perspektive, Universitätsverlag Weimar, 2002
[3] Berichtsband zu Studentischen Projektarbeiten mit dem Thema: UNITROP – Ökologisches Gesamtkonzept für die Valley View University in Accra/Ghana, WS 02/03, Professur Grundlagen des Ökologischen Bauens, Bauhaus-Universität Weimar
[4] Jokisch, Nicola, Diplomarbeit SS 2002, Bauhaus-Universität Weimar

www.peterlang.de

Peter Lang · Europäischer Verlag der Wissenschaften

Danyel Reiche (Hrsg.)

Grundlagen der Energiepolitik

**Mit einem Vorwort von Klaus Töpfer
Unter Mitarbeit von Mischa Bechberger, Ruth Brand,
Matthias Corbach, Stefan Körner, Ulrich Laumanns
und Annika Sohre**

Frankfurt am Main, Berlin, Bern, Bruxelles, New York, Oxford, Wien, 2005. 330 S.
ISBN 3-631-52858-2 · br. € 39.80*

Dieses Buch vermittelt Grundlagen deutscher und internationaler Energiepolitik.
Es soll für Neueinsteiger, etwa Studierende, allgemein verständlich den Themen-
bereich erschließen, aber auch für Experten – ob nun in Verbänden, Wissenschaft
oder Journalismus – eine wertvolle Informationsquelle und ein nützliches
Nachschlagewerk sein. Diese Einführung ist dabei extra so verfasst, dass sie auch
abschnittsweise gelesen werden kann. Wie ist der Entwicklungsstand einzelner
Energieträger, beispielsweise von Kohle, Windkraft oder Meeresenergie? Welche
Akteure wirken in der Energiepolitik, auf welche energiepolitischen Instrumente
kann der Gesetzgeber zurückgreifen? Auf solche Fragen will dieses Buch eine
Antwort geben. Durch die Gliederung, viele Abbildungen und Tabellen ist dabei
auch versucht worden, eine möglichst hohe Lese- und Benutzerfreundlichkeit zu
erreichen.

Aus dem Inhalt: Geschichte der Energie · Status quo des deutschen und welt-
weiten Energieverbrauchs · Technische Grundlagen der Energiepolitik · Darstellung
der weltweiten Nutzung der einzelnen Energieträger (Erdöl, Erdgas, Kohle,
Atomenergie, Wasserkraft, Biomasse, Windenergie, Solarenergie, Geothermie,
Meeresenergien) · Energieeffizienz · Energieszenarien · Instrumente der
Energiepolitik · Governance und Energiepolitik · Akteure der Energiepolitik ·
Determinanten der Energiepolitik · Geoökonomie des Weltenergiemarktes ·
Informationsquellen zur Energiepolitik

Frankfurt am Main · Berlin · Bern · Bruxelles · New York · Oxford · Wien
Auslieferung: Verlag Peter Lang AG
Moosstr. 1, CH-2542 Pieterlen
Telefax 00 41 (0) 32 / 376 17 27

*inklusive der in Deutschland gültigen Mehrwertsteuer
Preisänderungen vorbehalten
Homepage http://www.peterlang.de